Gedruckt in Belgien
ISBN 3 85859 134-3
Idee, Konzeption und Realisation:
Naturalis Verlag, München, Mönchengladbach
Redaktion: Wolfgang Thielke, Petra Apfel
Grafische Gestaltung: Claus-J. Grube
Bildredaktion: Klaus Griehl
Redaktionelle Mitarbeit:
Dr. Georg Gebhardt, Gummersbach
Cornelia Fornefeld, Bochum
Grafiken: Margit Sillaber, München
Satz: ABC Fotosatz & Repro GmbH, München
Reproduktion: Otterbach, Rastatt
Druck und Einband: Brepols/Belgien

Zauber der Mineralien

Zauber

der Mineralien

KRISTALLE, GOLD UND EDELSTEINE

KURT BLÜCHEL
OLAF MEDENBACH

INHALT

Bergkristall.
Schon immer hat er die Menschen fasziniert. Arkansas, USA – 90 x 120 mm.

Werden von Kristallen und Gesteinen. ▷
Die glutflüssige Gesteinsschmelze erkaltet als Lava zu kompakten Verbänden von Kristallen: einem Gestein.

URSPRUNG IM WACHSENDEN KRISTALL?

Die Grenzen zum Lebendigen sind verwischt. Nicht nur das Leben wächst aus kleinen Anfängen heran, auch die Kristalle wachsen. Gehören sie nicht zur toten Materie?

An der Wiege vieler kostbarer, farbenprächtig funkelnder Kristalle steht ein Wort von düsterer Klangfarbe: Magma. Das Wort kommt aus dem Griechischen und bedeutet so viel wie heißer Brei. Es steht für schmelzflüssiges Gestein, das mit hoher Temperatur aus dem Inneren der Erde nach oben drängt. Wahrscheinlich bestand einstmals der ganze Erdball aus dieser glutflüssigen Schmelze. Als er im Lauf von vielen Millionen Jahren erkaltete, entstanden an der Oberfläche die Kristalle. Sie bildeten eine erste dünne Haut, die sich langsam verdickte und zu einer mächtigen Kruste anwuchs.

Und diese kristalline Kruste ist Grundlage jeglichen Lebens auf unserer Erde. Ohne den »toten« Stein gäbe es weder Pflanzen noch Tiere, noch Menschen.

Doch bevor das Leben auf der Erde begann, verwitterte die Kristallkruste zu Geröll, Sand und Ton. Ein Teil der Mineralien löste sich im Wasser und wurde durch Flüsse in den Urozean geschwemmt. Diese gelösten Stoffe bildeten zusammen mit den Bestandteilen der Uratmosphäre die Bausteine, aus denen sich das organische Leben entwickelte. Währenddessen war die Erdkruste voller Bewegung.

Ein Zeitraffer, der Jahrtausende zu einer Minute verdichtet, würde uns schnell beweisen: Die Erdkruste verschiebt sich – wie dicke Haut auf gekochter Milch – samt ihren gewaltigen Gebirgszügen. Hier zieht sich die Erdrinde zusammen und wirft gewaltige Falten auf. Dort zerreißt sie in ihrem steinernen Gefüge, es klaffen tiefe Risse und Spalten, aus denen später neue Gebirge wie Kuchenteig aufquellen. Mit diesen Bewegungen, die durch uns noch weitgehend unbekannte geologische Vorgänge unter der Erdoberfläche ausgelöst werden, hängt auch die Bildung der Gebirge, das Entstehen neuer Ozeanbecken und endlich das Auseinanderreißen der Erdteile zusammen.

Afrika, Europa und Asien gehörten dereinst zu einem massiven Festlandblock – die heutigen Erdteile sind also die Bruchstücke eines gewaltigen Urkontinents. Die kleinen und jähen Bewegungen der Erdrinde, die wir mitunter selbst feststellen können, also die Vulkanausbrüche, Einstürze, Bergrutsche, Verwerfungen sowie die verschiedenartigen Beben und ihre Folgen, sind nur ein Kinderspiel der titanischen Kräfte im Erdinneren, denen wir nicht zuletzt die märchenhafte Schönheit von rund 3 000 verschiedenen Mineralien verdanken.

Kristalle sind mehr als schön. Sie sind lebensnotwendig.

Im ersten Kapitel von Goethes Roman »Wilhelm Meisters Wanderjahre« steht ein Gespräch über einen Stein und seine Benennung. Wilhelm ist mit seinem Sohn Felix unterwegs im Gebirge: »Er bemerkte eben etwas in seine Schreibtafel, als Felix, der umhergeklettert war, mit einem Stein in der Hand zu ihm kam. Wie nennt man diesen Stein, Vater? sagte der Knabe. – Ich weiß nicht, versetzte Wilhelm. – Ist das wohl Gold, was darin so glänzt? sagte jener. – Es ist keins! versetzte dieser. Und ich erinnere mich, daß es die Leute Katzengold nennen. – Katzengold! sagte der Knabe lächelnd. Und warum? – Wahrscheinlich, weil es falsch ist und man die Katzen auch für falsch hält. – Das will ich mir merken, sagte der Sohn und steckte den Stein in die lederne Reisetasche.«

Liebhaber des Mineralreichs wie auch Wissenschaftler haben oft bedauert, daß die Welt der Steine nicht in dem Maße Interesse zu wecken vermag wie etwa die Welt der Vögel, der Schmetterlinge, der Blumen, und manche haben sich gedrängt gefühlt, für ihr Hobby zu werben. Dabei kann auch der Anblick kristallisierter Mineralien ein ästhetischer Genuß sein – ähnlich dem Betrachten eines kostbaren Gemäldes oder einer Plastik. Viele öffentliche und vor allem private Sammlungen werden nur unter diesem Gesichtspunkt zusammengetragen. Meist weckt aber das Sammeln schöner Kristalle früher oder später auch das wissenschaftliche Interesse, sofern es nicht schon zu Beginn mit im Spiele war. Es liegt im Wesen des menschlichen Geistes, daß er sich mit der reinen Anschauung nicht zufriedengibt. Er stellt Fragen und versucht sie zu beantworten. Eine mineralogische Sammlung bietet mannigfaltige Gelegenheiten, sich mit naturwissenschaftlichen Problemen auseinanderzusetzen.

Gesteinsformationen.
In Schichten lagern verschiedene Gesteine übereinander. Steinbrüche geben einen Einblick in den geologischen Aufbau.

Vulkane, die aktiven Zonen unserer Erde.
In den Spaltenzonen steht die Erdkruste unter gewaltigem Druck. Vulkane, Geysire und Erdbeben sind die Ventile.

Innen ist die Erde sicher nicht flüssig – nur sehr heiß

Früher dachten die Menschen einmal, die Erde sei ein glutflüssiger Ball, auf dem die Landmassen der Kontinente wie Inseln herumschwimmen. Doch die moderne Physik machte dieser naiven Vorstellung ein Ende: Der Druck der über dem Erdkern liegenden Schichten ist so ungeheuer groß, daß Erdkern und Erdmantel nur sehr, sehr heiß sind – nicht flüssig. Lediglich dicht unter der Erdkruste können sich Magmakammern mit flüssiger Gesteinsschmelze bilden. Geologen haben jedoch diese Gesetzmäßigkeit noch nicht mit eigenen Augen gesehen. Bis heute ist es technisch nicht möglich, tiefer als acht Kilometer in den Boden zu dringen. Die Schichten der Erde teilen sich auf in: 500 Kilometer Atmosphäre, 30–40 Kilometer Erdkruste, ca. 2860 Kilometer Erdmantel, ca. 2240 Kilometer äußeren Erdkern und 3930 Kilometer inneren Erdkern. Er besteht vermutlich aus Eisen und Nickel (Ni, Fe = Nickel, Ferrium – der chemischen Bezeichnung für Eisen). Der Mantel dagegen besteht aus leichterem Material, der SiMa-Schicht (magnesiumreiche Silikatgesteine). Die Kruste schließlich enthält die Oberflächengesteine, SiAl (Aluminium – Silikate) genannt. Alle diese chemischen Verbindungen sind Kristalle, eben jene Mineralien, die unser Leben bestimmen.

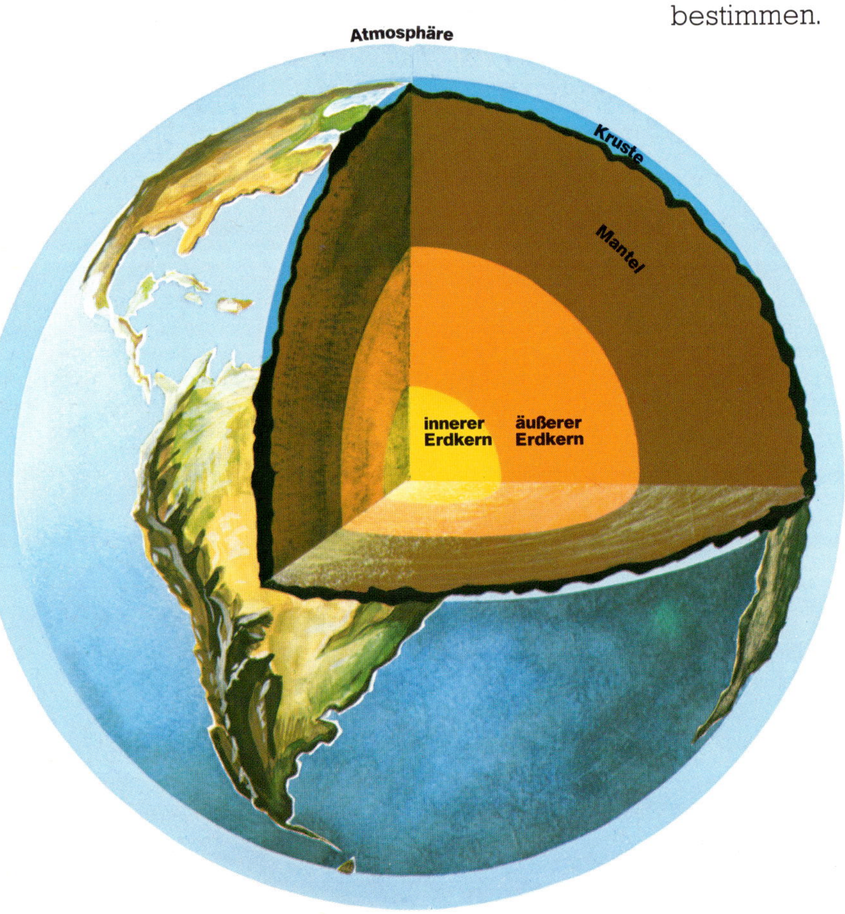

Es ist eine sehr verbreitete, allerdings grundfalsche Meinung, daß die genauere, in Einzelheiten gehende Kenntnis von Naturvorgängen den ästhetischen Genuß an ihnen schmälern würde. Das Gegenteil trifft zu. Niemand wird die Schönheit eines Vogelkonzertes im Frühlingswald mehr genießen als derjenige, der weiß, welchen Arten die einzelnen Stimmen angehören; niemand wird die Großartigkeit einer funkelnden Kristallstufe mit größerer Ehrfurcht betrachten, als der Mineraloge, dem sie die Geheimnisse ihres Gewordenseins anvertraut. Die Naturwissenschaft ist nicht »trocken«, wie der Außenstehende zuweilen meint, nicht einmal gegen die Naturwissenschaftler selbst ist dieser Vorwurf gerechtfertigt. Gerade die besten unter ihnen sind zutiefst empfänglich für das Schöne und das Ehrfurchtgebietende in der Natur. Nur sprechen sie häufig nicht die Sprache des Dichters, und in ihren wissenschaftlichen Veröffentlichungen bleiben die hohen Gefühlswerte ihrer Tätigkeit zwischen den Zeilen.

Allen gemeinsam ist indes die Frage nach dem Ursprung des Lebens. Die Frage nach der Entstehung des Lebens ist der Motor aller wissenschaftlichen Betätigung, durch sie ist überhaupt der Mensch erst ein Forschender ge-

Struvit im hohlen Zahn des Mammuts

1901 wurde ein Mammutzahn im Yukon-Tal im US-Staat Alaska gefunden. Der Zahn enthielt in einem Hohlraum herrliche Struvit-Kristalle. Ihre Bildung ist einfach zu erklären: Der hohe Phosphatgehalt des Zahnes war für die Ausbildung der Kristalle verantwortlich. Struvit wurde sogar in Büchsen mit konservierten Garnelen gefunden.

worden. Keine Belagerung ist jemals mit einer solchen Hartnäckigkeit geführt worden wie diese: Was ist Leben und wie wurde es? Geheimnis nach Geheimnis wurde enthüllt, eines immer überraschender und wunderbarer als das andere. Wir haben das Rätsel des Lebens bis in das Innere der Zelle hinein verfolgt. Wir kennen die chemische Zusammensetzung, sogar die wesentlichen Merkmale des molekularen Aufbaus des Protoplasmas, der wichtigsten Substanz der Zelle. Wir können uns schon eine Vorstellung machen vom molekularen, ja vom atomaren Bau der Gene, die die Träger der Erbeigenschaften des Menschen sind. Wir kennen Virusformen, die außerhalb der Zelle wohldefinierte Kristalle, innerhalb der Zelle gefährliche Krankheitserreger sind.

Wir wissen fast alles. Aber das Leben ist noch immer ein Rätsel.

Eine Armee von Wissenschaftlern fahndet seit Jahrzehnten fieberhaft nach einem geheimnisvollen Rezept. Aus unzähligen Re-

Granatkristalle im Gänsemagen

Einfache Bauern wurden noch im vorigen Jahrhundert durch Granatkristalle im Magen von geschlachteten Gänsen erschreckt. Sie glaubten an ein Wunder und behaupteten, die sonderlichen Steine wären ein Unglückszeichen. Zu den Kristallen kamen die Gänse jedoch auf den Äckern. Dorthin waren wohl die schönen Kristalle nach heftigen Regenfällen geschwemmt und von den Gänsen geschluckt worden. Wie Kieselsteinchen, zur Unterstützung ihres Magens.

Titanit-Zwilling auf Muttergestein.
Das alpine Kluftmineral kristallisiert in arttypischen Zwillingen. Habachtal, Österreich – 30 x 33 mm.

Eine Stufe – vier Kristallarten.
Von Rauchquarzen flankiert: Kalifeldspat-Zwilling, ein Apatit-Prisma und weiße Albite. Fichtelgebirge, BRD – 31 x 45 mm (oben).

Scheelit – ein Mineral, das Wolfram enthält.
Lagerstätte für dieses zur Metallveredelung verwendete Erz ist Minas Gerais in Brasilien. 20 x 25 mm.

Äste aus Eisenblüte.
Diese Aragonit-Kristalle konnten ungehemmt wachsen. Ein Kunstwerk der Natur. Erzberg, Steiermark, Österreich – 62 x 34 mm.

Strahlende Uranerze. ▷
Giftgelb oder leuchtend grün sind die Oxidationserze des Urans. Curienit, Mounana, Gabun – 22–35 mm.

Blick in die Erdkruste – Grand Canyon.
Durch zwölf verschiedene Gesteinsschichten fraß sich in Millionen von Jahren der Colorado.

torten in unzähligen Laboratorien quellen neue chemische Verbindungen in unbeschreiblicher Fülle, Forscher entdecken und produzieren »Wunder« am laufenden Band – aber der Ursprung des Lebens bleibt nach wie vor im Dunkeln. Zwar sind die Zutaten der rätselhaften Mixtur, aus denen alle Lebewesen dieser Erde zusammengesetzt sind, bekannt, und jeder kann sie für wenig Geld in einer Drogerie käuflich erwerben. Man kann diese Allerwelts-Ingredienzien (Kohlenstoff, Stickstoff, Wasserstoff, Sauerstoff) in einem Reagenzglas durcheinanderschütteln oder in einem Glaskolben zu einem Brei verrühren – aber damit würde selbst in 1000 Jahren dieses tote Gemisch von Chemikalien nicht plötzlich zu krabbeln beginnen, niemals »der Pulsschlag lebenden Protoplasmas« einsetzen. Es fehlt die magische Kraft, die ordnende Hand, die imstande wäre, eine chemische Verbindung in lebendigen Stoff zu verwandeln. Es fehlt jener Götterfunke, der im Farbenspiel einer Orchidee ebenso wirksam ist wie im Gesang einer Nachtigall und der schon auf der Welt gewesen sein muß, bevor

Amöben – Plasmawesen aus der Ur-Zeit. Sie leben noch immer.

sich das erste gallertartige Schleimklümpchen im Urmeer der jungfräulichen Erde zu regen begann.

Wenn wir nicht auf übernatürliche Erklärungen zurückgreifen wollen, dann müssen wir eingestehen: Was Leben ist, wissen wir nicht. Aber was heißt denn dann Leben?

Versuchen wir zunächst an ganz einfachen Organismen, an einzelligen Tieren, sogenannten Protozoen, die wesentlichen Lebenseigenschaften abzulesen. Eine Amöbe z.B., nichts anderes als ein Plasma-Spuk, ist ein Schleimklümpchen von mikroskopischer Winzigkeit, ohne Mund, After, Magen – nichts als fließender Schleim. Wenn die Amöbe sich fortbewegen will, dann sendet sie aus der gestaltlosen Schleimmasse lappenförmige Enden aus und kriecht mit diesen scheinbaren Füßen weiter. Frißt sie, dann umhüllt sie mit ihrem gesamten Schleimkörper die Nahrung, Algen oder Bakterien. Einst beherrschten die Plasma-Wesen die Erde der Urzeit,

Unter der erkalteten Haut wachsen die Kristalle. Stricklava auf den Galapagos-Inseln. Dicke Schichten kühlen erst nach Wochen ab.

Einstmals riesige Bäume – jetzt Achat und Chalcedon. Die organische Substanz des Holzes wurde durch Silizumdioxyd ersetzt. Arizona, USA (oben).

Bergkristall, das versteinerte Eis

In der Antike glaubten die Menschen, Bergkristalle seien sehr altes, zu Stein gewordenes Eis. Nur große Kälte und lange Zeit könnten solche wunderbaren Kristalle hervorzaubern.

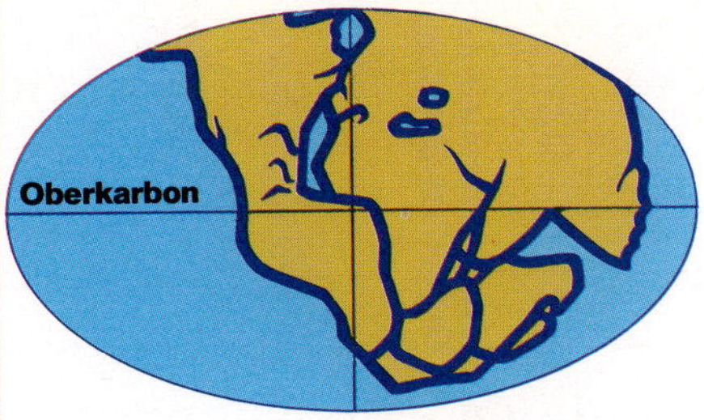

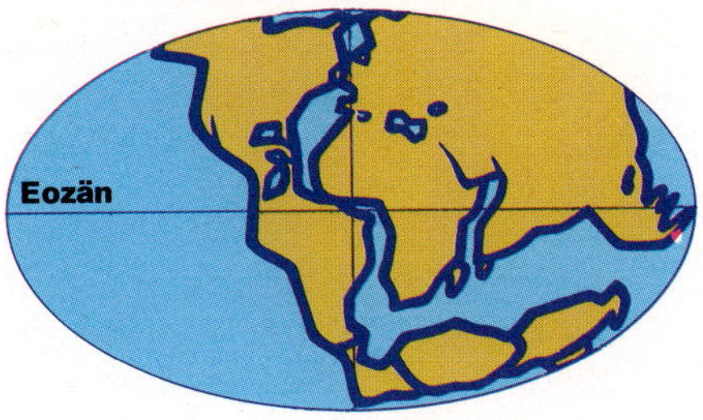

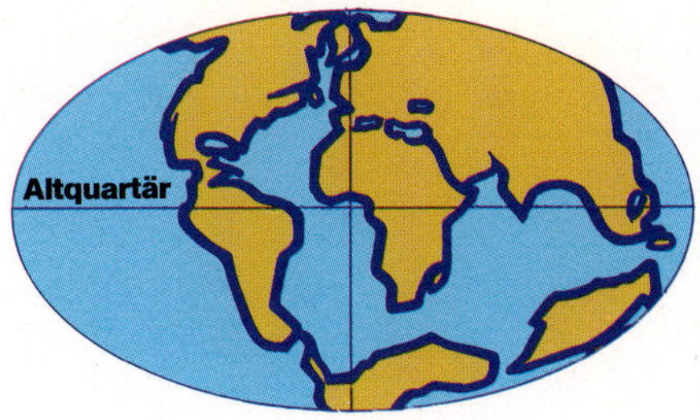

Warum sich die Erde öffnet und Feuer speit

200 Millionen Jahre lang dauerte auf der Erde die Bildung der heutigen Kontinente. Einstmals waren sie zu einem Urkontinent zusammengeballt. Die lange Wanderschaft der Landmassen ist jedoch nicht zu Ende. Noch immer bewegen sich die Kontinente. So rückt Amerika jedes Jahr vier Zentimeter nach Westen. Afrika wandert nach Osten und Australien nach Norden. Ursache für diese Bewegung – nach Alfred Wegener, dem Begründer der Kontinentalverschiebungstheorie – sind Risse in den Ozeanböden. Anders als unter den Kontinenten ist dort die Erdkruste nur acht bis zehn Kilometer dick – ist sozusagen ein Ventil für den ungeheuren Druck, der in dem Erdmantel herrscht. Dort kreist plastische heiße Gesteinsmasse in sogenannten Konvektionsströmungen. Unter den Ozeanen stoßen die in entgegengesetzter Richtung strömenden Massen mit gewaltigem Druck zusammen. Sie schmelzen das Gestein der festen Kruste über sich auf und drücken es in ein riesiges unterseeisches Gebirgstal des mittelozeanischen Rückens. Magma und Lava drücken nun als Basalte die großen Krustenplatten auseinander. Wo eine Platte auf eine andere trifft – meist unter den Tiefseegräben – wird sie in die Tiefe des Mantels abgelenkt und zerstört. Sowohl in ihrem Entstehungsgebiet als auch in dieser Zerstörungszone befinden sich die Erdbebenzentren unserer Erde. Hier erhalten die meisten Vulkane ihre Kraft und Nahrung. Denn wo die vom mittelozeanischen Rücken geschobene Kruste unter dem Kontinent in den Erdmantel taucht, entsteht gewaltige Hitze aus Fließ- und Überlagerungsdruck. Die in der Kruste befindlichen Gesteine werden geschmolzen und suchen sich über Vulkanschlote einen Weg nach oben. Wind und Wasser, Frost und Sonnenwärme lassen dieses Material in Millionen von Jahren verwittern und als Sedimente im Meer ablagern. Von dort wird es zusammen mit dem Basalt des mittelozeanischen Rückens erneut in die Tiefe geschoben. Der Druck macht aus diesen Sedimentgesteinen metamorphe Gesteine in vielen Millionen Jahren. Später, in der unterirdischen Magmakammer, entsteht dann daraus durch Aufschmelzen neues vulkanisches Gestein. Somit befinden sich die Mineralien in einem unendlichen Kreislauf.

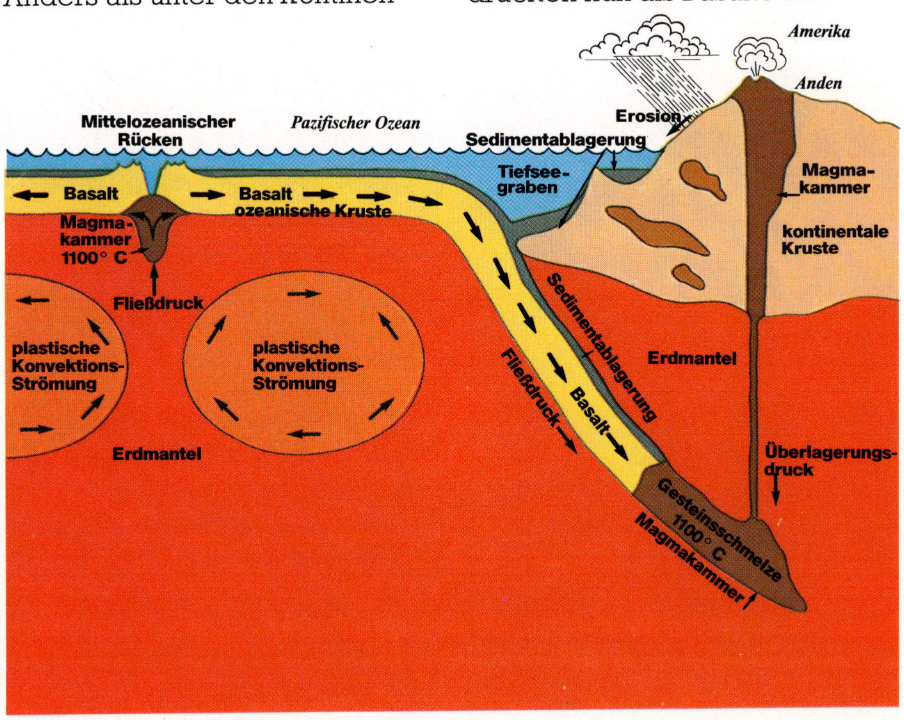

auch heute noch bevölkern sie mächtig und uneingeschränkt Meer und Land, wenn auch neben ihnen Raubtiere aufwuchsen. Dabei sind Amöben, im Gegensatz zu Viren oder Bakterien, schon recht kompliziert gebaute Wesen. Die Amöbe ist ein echtes Lebewesen und nicht nur eine Vorstufe des Lebendigen. Und doch ahmte sie der US-Wissenschaftler Bütschli mit Olivenöl, Gasolin und Sodalauge nach. Die künstlichen amöbenartigen Teilchen begannen in der gleichen Art herumzukriechen wie die echten, ihre Scheinfüßchen vorzustrecken und den Leib nachzuziehen. Sie kämpften miteinander, und der Sieger fraß den Besiegten auf. Hatte sich eines vollgefressen, dann vermehrte es sich, indem es sich teilte. Man sieht, daß sich die Bewegung in einfachen physikalischen Experimenten nachahmen läßt. Der Versuch erzeugte zwar kein Leben, aber er machte es wahrscheinlich, daß das Leben aus dem Unbelebten hervorgegangen ist.

Wo die Edelsteine entstehen

Im Osten und in jenen Gegenden, in denen sehr große Sonnenglut herrscht, entstehen die Edelsteine und Juwelen. Denn die Berge, die sich in jenen Landstrichen finden, sind von der Sonnenhitze heiß wie das Feuer; auch die Flüsse, die in den Gegenden fließen, sieden durch die überaus große Glut der Sonne ständig. Wenn daher hin und wieder jene Flüsse in einer Überschwemmung über die Ufer treten und anschwellend an diesen glühend heißen Bergen hochsteigen, dann werfen die sonnendurchglühten Berge, von jenen Fluten berührt, an einigen Stellen, wo das Wasser mit dem Feuer zusammenkommt, eine Art Schaum aus. Sie sprühen, wie es etwa glühendes Eisen tut, wenn Wasser über es gegossen wird; und genauso hängt an jener Stelle dieser Schaum wie Leim und erhärtet in drei oder vier Tagen zu einem Edelgestein. Wegen der zahllosen großen Edelsteine, die in besagter Weise auf den Bergen entstehen, leuchten diese Berge dort hell nach Art des Tageslichts.

Hildegard von Bingen
1150

Vulkane – Zeugen der Erdbewegung

Fast alle Vulkane der Erde arbeiten nach dem gleichen Prinzip: Wo die Platten von Mantel und Kruste aufeinanderstoßen, schmilzt das Gestein und steigt als Magma in den Schlot. In explosionsartigen Eruptionen entlädt sich der Überdruck. Das Magma tritt aus und fließt als Lava den Berg hinunter. Ist der Krater erkaltet oder verstopft, tritt die Lava aus Nebenkratern aus. Durch die Vulkane und die vulkanischen Prozesse können Erzlagerstätten gebildet werden. Das ausgeworfene Gestein und selbst die vulkanische Asche bestehen aus Mineralien – aus kleinen verwachsenen Kristallen.

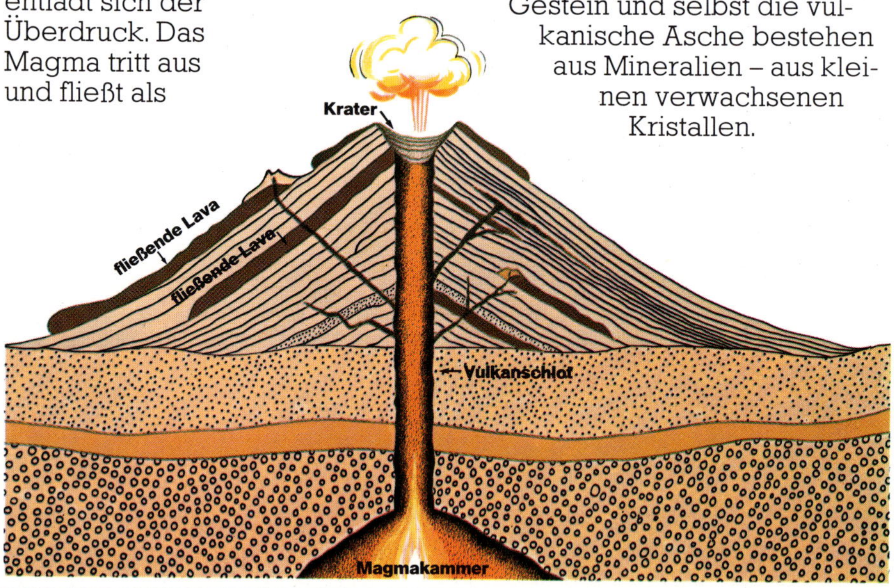

Amöben haben die Fähigkeit, sich zu vermehren und zu wachsen. Es entstehen aus ihnen neue Individuen, von denen jedes einzelne für sich eine Besonderheit darstellt, hervorgegangen aus innerer Formbestimmung und äußeren modellierenden Einflüssen. Aber auch in der anorganischen, also unbelebten Welt gibt es Wachstum. Aus submikroskopischen Anfängen wächst der Kristall heran, in stetigem Werden materialanreichernd und -ordnend. Jeder Kristall stellt ein Einzelindividuum dar, das sich durch seine ihm und nur ihm eigentümlichen Flächen scharf von seiner Umgebung abtrennt.

Wachstum ist ein Indiz für Leben. Gilt das auch für die Kristalle?

So wie es Riesen-Wellingtonbäume und allerkleinste Algen gibt, wuchsen einmal die Kohlenstoffgebilde des Diamanten zum faustgroßen, etwa 600 g schweren Cullinan-Edelstein heran oder entwickelten sich nur zum einkarätigen Diamanten. Genau wie ein Lebewesen ist auch der Kristall von seiner Umwelt abhängig. Wird ihm während des Wachstums der Weg versperrt, sucht er einen neuen Weg, wird ihm die Materialzufuhr am einen Ort unterbrochen, vermehrt er sich an anderer Stelle, und nur selten finden sich die Kristalle in freiem Wachstum ohne Konkurrenz, so etwa wie die formvollendeten Bergkristalle einer Druse.

Der Realkristall ging in seinem Werden durch wechselvolle Abenteuer hindurch, die der geübte Kristallograph an seiner Gestalt ablesen kann. Mit Erstaunen stellt man fest, daß die kristalline Materie ähnlich wie ein Lebewesen ein Regenerationsvermögen besitzt, indem auf verletzten Flächen neues Material eingelagert wird.

Geburtsstätte der Kristalle: Magma im Ätnakrater.
In der zähflüssigen Gesteinsschmelze kristallisieren Olivine und Pyroxene.

Kupferkies – das wichtigste Kupfererz.
Es ist von Pyrit leicht zu unterscheiden: Die Kristalle lassen sich mit einer Nadel ritzen. Willroth, Westerwald, BRD – 30 x 30 mm.

Pyrit – einmal nicht golden.
Anlauffarben durch Oxidhäutchen hervorgerufen, färben diese Kugel-Kristalle untypisch violett, grün, rot und blau. Westfalen, BRD – 11 x 8 mm (oben).

Scherbenkobalt – gediegenes Arsen.
Die kugeligen Gebilde enthalten Pyrargyrit-Kristalle, ein Silbererz. St. Andreasberg, BRD – 20 x 50 mm.

Der Schatz im Moos.
Diese Calcit-Skalenoeder aus Rio Grande do Sul in Brasilien sitzen auf einem Filz von grünem Malachit auf. 70 x 120 mm.

Grau und unscheinbar von außen – ein Wunder von innen. ▷
Achate entfalten ihr farbenprächtiges Bänderwerk erst durch einen Anschnitt. 100 x 150 mm.

Vanadinit aus Marokko.
Mibladen heißt die berühmte Lagerstätte, in der Vanadinit in solchen strahlend roten Kristallen gefunden wird. 30 x 38 mm.

Topas ist ein gesuchter Edelstein.
Der himmelblaue Kristall stammt aus dem klassischen Topas-Fundgebiet Alabatschka im Ural, UdSSR. 33 x 40 mm (oben).

Bis zu ein Meter groß: Turmaline aus Brasilien.
Dieses schöne Stück ist nur ein Zwerg im Verhältnis zum spektakulären Riesenfund von Conselheiro Pena 1978. 60 x 42 mm.

Schillernde Anlauffarben auf Kupferkies.
Das Mineral zeigt sie häufig anstelle seiner goldgelben Farbe. Grube Georg bei Willroth, BRD – 24 x 20 mm.

Grauspießglanz oder international: Antimonit.
Dieses Erzmineral wurde nach Form und Farbe benannt. Herja, Baia Mare, Rumänien – 42 x 34 mm.

Das Gold der Ostsee. ▷
Die fossilen Harzklumpen des Bernsteins werden von dem Meer aus der Blauen Erde freigewaschen.

FOSSILIEN, DOKUMENTE DES LEBENS.

Unübersehbar hat die Entwicklung des Lebens auf der Erde ihre Spuren hinterlassen. Die Steine sind Millionen Jahre alte Zeugen von Werden und Vergehen unvorstellbarer Artenfülle.

Unser blauer Planet besitzt einen kostbaren Schatz: das Leben. Genaugenommen ist es das wertvollste Gut, das die Erde zu bieten hat. Doch die Üppigkeit, mit der es sich auf dem Erdball präsentiert, läßt den wahren Wert verblassen. Als sich vor mehr als 4,6 Milliarden Jahren die Staubmassen des Sonnensystems zu dem Planeten Erde formierten, wurde bereits der Keim für das Leben gelegt. Und schon 800 Millionen Jahre später, also vor rund 3,8 Millionen Jahren, hatten Einzeller von den gigantischen Wasser- und Landmassen Besitz ergriffen. Sie waren imstande, mit Hilfe von Chlorophyll aus dem Licht der Sonne Energie zu erzeugen, die zum Teil in Kohle und Öl als organischer Kohlenstoff gespeichert wurde. Weitere 300 Millionen Jahre später gesellten sich Bakterien dazu. Und danach reihen sich in unaufhörlicher Folge Pflanzen und Tiere in das Buch der Erdgeschichte – fast lückenlos.

Dieses Buch schrieb kein Mensch – es schrieb die Erde selbst. Sie war der einzige Augenzeuge für die beispiellose Entwicklung des Lebens aus der Urzelle bis zur höchsten Stufe des Lebens, dem Menschen. Und sie hat die Details dieser Entwicklung minutiös und realistisch aufgezeichnet – besser als Menschen es je hätten tun können. Sie zeichnete die Bilder in Stein. In Kalk und Kreide, Schiefer und Ton, Kohle und Kiesel. Bilder von faszinierender Schönheit und ergreifenden Ereignissen. Nicht nur, was wuchs und blühte, flog und schwamm, sprang und krabbelte, sondern auch, was gefressen und verdaut wurde. Die Szenenauswahl konnte nicht dramatischer sein. Auf Steinen finden sich sowohl kämpfende Reptilien, wie die Geburt einer amphibischen Fischechse. Aus den Steinen können Wissenschaftler deuten, warum die Vögel fliegen gelernt haben und daß die Dinosaurier die ersten warmblütigen Lebewesen der Erde waren. Die Versteinerungen waren es auch, die das religiöse Weltbild korrigierten und der Wissenschaft entscheidende Hinweise lieferten, die Vergangenheit der Erde zu entdekken.

Die Zeugen dieser Vergangenheit sind, verglichen mit dem üppigen Urzeitleben, sehr selten. Fossilien konnten nur unter bestimmten Bedingungen entstehen – sozusagen durch Zufall. Und selbst die reichhaltigeren Fundorte zeigen nur einen winzigen Ausschnitt aus der Vielfalt des prähistorischen Lebens. Fossilien lagern im Gestein des Meeresbodens, den Tonschichten der Tiefebenen, aber auch im Schiefer der Gebirge, ja sogar im harten Fels himmelsstürmender Gipfel.

Entgegen dem ehrwürdigen Alter der Fossilien wissen die Menschen erst seit knapp zwei Jahrhunderten, was die Versteinerungen tatsächlich bedeuten. Lange Zeit blieben die steinernen Dokumente wissenschaftlich unbeachtet, sie wurden als Spiel der Natur (Voltaire) abgetan oder waren verderbliches Teufelswerk. So erhielten die Belemniten – Kopffüßler aus dem

Thor schickte die Donnerkeile auf die Erde. Mit dem Blitz.

Erdmittelalter oder Mesozoikum – den Namen Donnersteine. Menschen, die das sehr häufige versteinerte Gehäuse der Tintenfischvorfahren auf den Äckern fanden, hielten es für ein Geschoß des Gewitters. Die Germanen glaubten sogar, daß der mächtige Thor sie zusammen mit den Blitzen aus seinem Himmelswagen schleuderte. Noch im späten Mittelalter behaupteten die Menschen, daß diese Donnerkeile nur in der Nähe von Blitzeinschlägen zu finden seien.

Im früheren Ostpreußen bekamen die versteinerten Tintenfischhüllen den Namen »Mohrenzitze«. Das einfache Volk hielt die schwarzen Belemniten für Zitzen der Roggenmuhme, einem Gespenst und Kinderschreck. Noch Jahrhunderte später wurden in vielen Apotheken um Berlin sogenannte Schrecksteine verkauft: zu Pulver geriebene Belemniten. Von stillenden Müttern als Amulett getragen oder Säuglingen eingegeben, sollte es den Schaden eventueller Schrecken verhindern. In Schwaben wurde das gleiche Fossil als sogenannter Rappenkegel bei Augenkrankheiten der Pferde zum Heilmittel ernannt. In Sachsen schließlich sollte der Belemnit als Alpschoß im Trank gegen Druck, Nachtspuk und Behexungen helfen. Nicht nur in Deutschland war solcher Aberglaube um Fossilien

Lebewesen aus dem Eozän, vom Bernstein konserviert.
Roher Bernstein ähnelt oft mehr unscheinbarem Geröll als klarem Harz. Deutsche Ostsee.

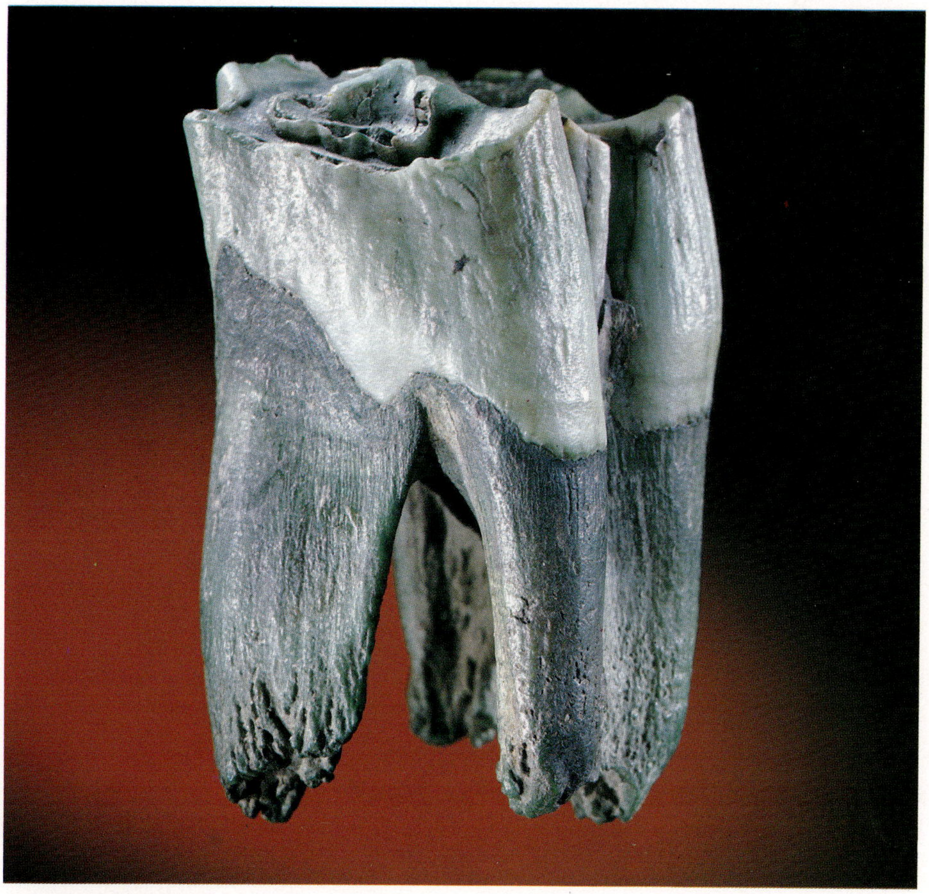

Zahntürkis.
Der Apatit fossiler Zähne, von Mastodon, Mammut oder Dinotherium, verwandelt sich in Odontolith, einen feinkristallinen Vivianit. Pyrenäen, Frankreich – 54x54mm.

Abbild des Urzeitlebens.
Versteinerungen geben der Wissenschaft wichtige Hinweise zur Altersbestimmung der Gesteine. Die Flugsaurier lebten 140 Millionen Jahre.

verbreitet: Auch in den übrigen Teilen des Abendlandes wurden den versteinerten Urzeitlebewesen überirdische Kräfte zugesprochen. Das zeigt, daß Fossilien vom Menschen nicht unbeachtet blieben.

Schon in der Antike versuchten Menschen, das Rätsel um die Versteinerungen zu lüften. Berühmte Griechen wie Thales von Milet, Pythagoras, Xenophon und Herodot vermuteten schon ein halbes Jahrtausend vor Christus, daß Muscheln im Fels ehemals unter Wasser gelebt haben müssen, daß Ägypten einmal eine große Bucht des Mittelmeeres war. Bei fossilen Landtieren allerdings nahmen auch sie ihre Phantasie zur Hilfe:

Aberglaube, Einfalt und Spekulation. Jahrhundertelang.

Als man Knochen von Flußpferden auf Sizilien fand, deutete sie der Philosoph und Arzt Empedokles als steinerne Reste von Riesen. Der Philosoph Aristoteles entwickelte Gedanken über die Versteinerungen, die noch bis ins Mittelalter hinein Gültigkeit hatten und die Universitäten des Abendlandes beeinflußten. Er glaubte an die Urzeugung und erkannte bei einer Reise durch das Niltal, daß »das Meer zu Festland werden kann und das Festland zu Meer«. Bis ins 13. Jahrhundert wurde das antike Gedankengut über die Versteinerungen nicht angezweifelt. Danach jedoch blühte der Handel mit Spekulationen, Magie und einfältiger Weissagung. So glaubte zum Beispiel Edouard Lwhyd in seiner Beschreibung von Fossilien im Jahr 1699, daß vom Wasser winzige Samen ins Erdinnere verfrachtet würden. Die Hitze dort würde sie zwar keimen lassen, dann jedoch die Pflanze töten.

Ein anderer glaubt gar an unterirdische Fische, weil es ja

auch unterirdische Gewässer gibt. Ein komplettes Skelett eines prähistorischen Elefanten wird mit Kopfschütteln bestaunt und zum Spiel der Natur degradiert. Schließlich enden die Fossilien als Mißerfolge des Schöpfers, ja sogar als Produkte des Satans, der sich mit Gott messen wollte, in der Vernichtung. Doch schon 1766 ist auch diese Sicht nicht mehr richtig. Die fossilen Fragmente werden zu »Figurensteinen«, die Gott in den Stein fügte, um Ausgewogenheit zwischen Wasser, Land und unterirdischen Bereichen zu erhalten.

Daß Versteinerungen auf Gipfeln der Gebirge gefunden wurden, macht die Menschen nicht stutzig. Im Gegenteil: Es beweist nur die biblische Geschichte. Muscheln, Fische und die Reste anderer Wassertiere konnten nur von der Sintflut stammen. Erst mit dem Franzosen Jean-Baptiste Lamarck und seiner »Philosophie Zoologique« wird dem Rätselraten über Herkunft und Sinn der Fossilien ein Ende gesetzt. Er erkannte, daß alle Lebewesen lange Entwicklungen durchgemacht haben, die sie in Form, Größe und Eigenschaften veränderten. Doch Lamarcks Gedanken und Beweise fanden kein Publikum. Bis Charles Darwin seine Theorie aufgriff und daraus seine Evolutionstheorie formte. Endlich hatten die steinernen Zeugen von der Entwicklung des Lebens auf der Erde ihren Platz in der Wissenschaft gefunden.

Heute gliedert sich die Lehre von den Fossilien, die Paläontologie, gleich in mehrere Zweige: Paläobotanik und -zoologie, Humanpaläontologie und Mikropaläontologie. Und jeder Zweig teilt sich in spezielle Fachrichtungen, beschäftigt weltweit ein Heer von Forschern und Wissenschaftlern. Denn anders als die mittelalterlichen Menschen glauben mochten, sind die Fossilien ein Schlüssel für viele Bereiche der Naturwissenschaften – auch der Humanwissenschaften. Ohne Fossilien wäre die Erdgeschichte unentdeckt geblieben und nicht in Zeitbegriffe einteilbar, wären Auffindung und Abbau mancher Bodenschätze

Ein Elefantenzahn vom Menschen

1706 wurde im Sumpfgebiet südlich von Coxsakkie im amerikanischen Bundesstaat New York der Zahn eines Mastodons gefunden, eines riesigen Vorfahren unserer heutigen Elefanten. Diese zeitgenössische Erläuterung ist kein Scherz:

»Nachdem alle Ärzte der Stadt es gesehen haben, bin auch ich vollkommen der Meinung, daß es sich um einen menschlichen Zahn handelt. Ich habe ihn in vertikaler Stellung gemessen. Er war sechs Zoll weniger ein Achtel hoch und 13 Zoll weniger ein Achtel im Umfang, und sein Gewicht betrug zwei Pfund, vier Unzen Feingewicht (13 mal 29 Zentimeter, rund 1 Kilogramm). Ich bin ganz der Meinung, daß dieser Zahn zu einem menschlichen Körper gehört, dem die Sintflut sein Grab bereitet hat. Ohne Zweifel ist dieser solange gewatet, wie er sein Haupt über die Fluten erheben konnte, ging jedoch schließlich mit allen anderen Kreaturen unter. Das nach der Flut abgelagerte Sediment hat ihn in der Tiefe begraben, in der wir ihn heute finden.

Aus einem Brief des Gouverneurs von Massachusetts, Dudley, an den Kleriker Cotton Mather in Boston.

Massengrab für Insekten.
Warum sich Insekten oft schwarmweise in das klebrige Harz stürzten, weiß die Wissenschaft bis heute nicht genau.

Linarit – ein Kupfer-Blei-Sulfat.
Ohne wirtschaftlichen Nutzen, nur für Sammler wertvoll. Es liegt mit dem Abraum auf Halden. Siegerland, BRD – 4,5 x 5 mm.

Schmelzschuppenfisch.
Auch er starb vor 150 Millionen Jahren in der Lagune des Jurameeres bei Eichstätt, BRD.

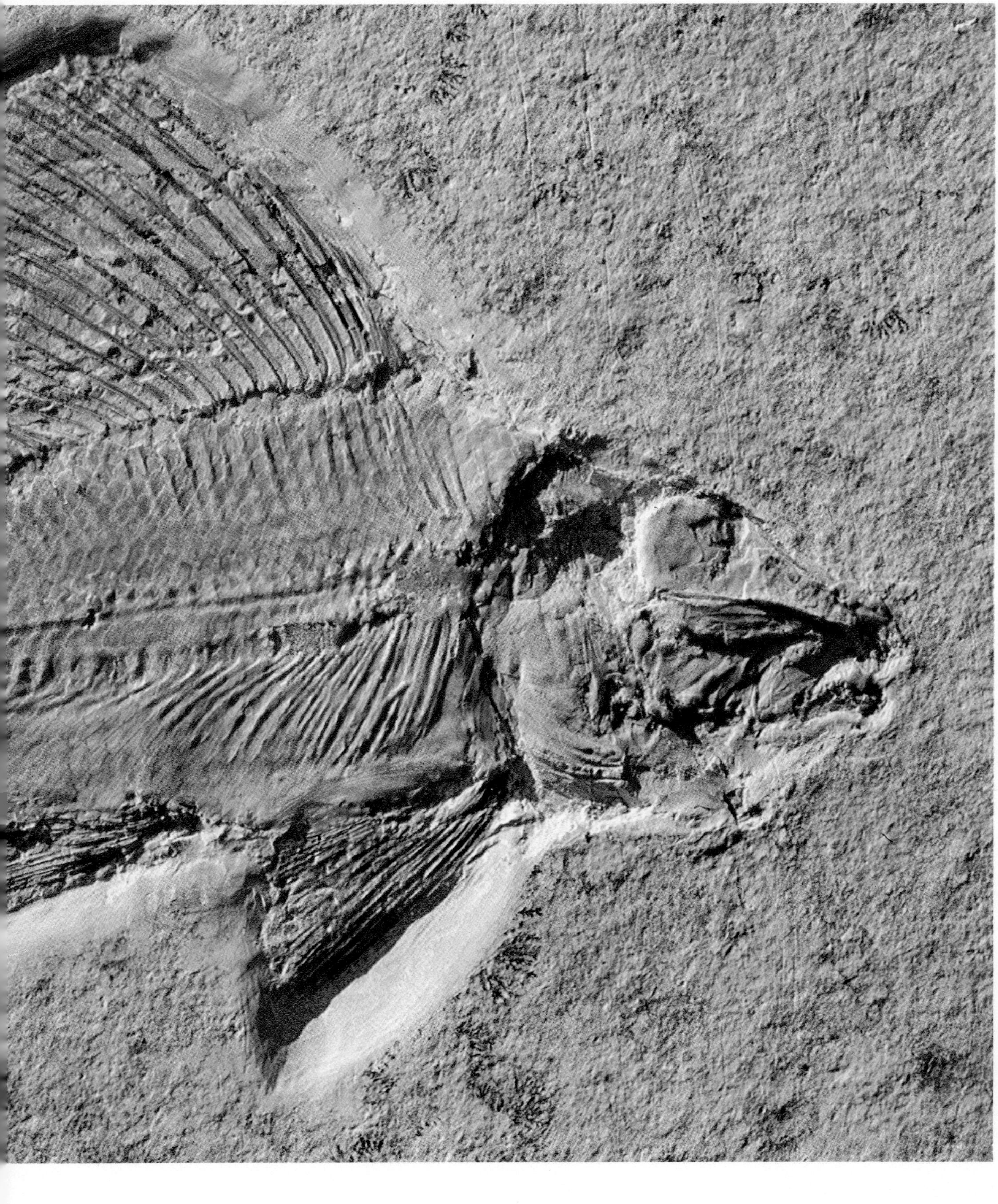

Bernsteine – die Juwelen der Ostsee.
Große Stücke wurden zu Bechern ausgehöhlt. Humpen aus Schloß Rosenberg, Kopenhagen.

kaum möglich. Bestimmte Fossilien weisen mit faszinierender Präzision auf Lagerstätten von Mineralien, Kohle und Erdöl hin und können den Geologen den Weg zu Kupfer, Blei, Uran und Vanadium, aber auch zu Phosphaten, Schwefel, Kalk, Ton und Gips weisen.

Wie sind Fossilien entstanden? Wer den Vorgang der Fossilisation verstehen will, muß gleichzeitig einen Ausflug in die Erdgeschichte machen. In jenes Zeitalter der Erde, das die Wissenschaftler Präkambrium nennen und das vor 4,6 Milliarden Jahren mit der Erstarrung der Erdkruste begann. Noch ist die Erde ein heißer Ball, von Wasserdampf umgeben. Etwa 800 Millionen Jahre später haben sich Ozeane gebildet und in ihnen vermutlich schon Leben. Aminosäuren, erste Zellen, primitive Bakterien und später Algen. Den ältesten biologischen Kohlenstoff entdeckten deutsche Forscher im 3,8 Milliarden Jahre alten Sedimentgestein West-Grönlands. Der berühmte Paläobiologe William Schopf entdeckte zusammen mit seinem australischen Kollegen Malcolm Walter im Nord-Westen Australiens 3,5 Milliarden Jahre alte Bakterien. Der Sauerstoffgehalt der Luft war damals sehr gering: weit unter 0,1 Prozent (heutiger Sauerstoffgehalt ca. 20 Prozent). Nur wenige der im Wasser vegetierenden Zellen sind schon zur Photosynthese fähig – zu jenem phänomenalen Vorgang, mit Hilfe von Chlorophyll aus Sonnenenergie, Kohlendioxyd und Wasser Kohlenstoff und Sauerstoff zu produzieren. Das Land ist noch wüst und tot. Mehr als zwei Milliarden Jahre bleibt dieser Zustand bestehen, bis im Kambrium die Entwicklung der Tiere beginnt. Jetzt ist der Anteil des Sauerstoffs auf mehr als 0,1 Prozent gestiegen, ein Beweis für die fleißige Arbeit der Algen und Meerespflanzen. In der Stratosphäre hat sich eine starke Ozonschicht gebildet, die das junge Leben vor den tödlichen Strahlen der Sonne schützt und nur das »ungefährliche« Licht durch-

Die Zyklopen der Antike waren keine Riesen, sondern Elefanten

Die griechischen Sagen über die einäugigen Zyklopen sind nicht erfundene Geschichten des Odysseus. Anscheinend hatte der Grieche auch Sizilien erreicht und die großen Skelette von Urelefanten gefunden. Die mächtigen Schädel trugen in der Mitte die Nasenöffnung. Odysseus mag sie für das Auge gehalten haben, wie den Schädel für ein Riesenhaupt.

Selbst die zarten Fühler blieben unverletzt.
Der Tod im zähen Harz ereilte das fossile Insekt schnell. Es blieben weder Kraft noch Zeit für einen Fluchtversuch.

Turmaline sind gesuchte Schmucksteine.
In der Edelsteinindustrie werden Einschlüsse und aufsitzende Mineralien abgeschliffen. Brasilien – 50 x 40 mm.

läßt. Das Zeitalter der wirbellosen Tiere kann beginnen.

Aus dieser Zeit stammt ein Schieferstück, über das der Geschäftsführer der Smithsonian Institution, Charles Doolittle Walcott, in den Rocky Mountains von Britisch-Kolumbien stolperte. Er suchte 1909 in Kanada nach fossilhaltigen Steinen. Der Stolperstein entpuppte sich als der Auftakt zu einem der bedeutendsten Fossilienfunde. Zum erstenmal enthielt ein uraltes Sedimentgestein Abdrücke von

Vor 550 Millionen Jahren ein Massengrab. Heute ein Dokument.

Weichtieren der kambrischen Ozeane. Bisher waren aus dieser Zeit nur Panzer und Schalen sowie harte Reste der Tiere gefunden worden. 120 verschiedene Arten versteinerter Tiere wurden daraufhin im Burgess-Schiefer entdeckt. Wissenschaftler rekonstruierten aus diesen steinernen Dokumenten ein faszinierendes Bild der Meereslandschaft vor einer halben Milliarde Jahre. Zwischen den Korallenriffen des Urpazifiks hatte sich ein Tiefseebecken gebildet. Eine gigantische Falle für Lebewesen, denn das Wasser am Meeresgrund war sauerstoffarm und reich an lebensfeindlichen Schwefelwasserstoffen. Um die riesigen Korallenbänke in den flacheren Zonen lagerte sich Schlamm ab, der mit vielen organischen Resten die Lebensgrundlage für die Meeresbewohner bildete. Meeresbewegungen und Eigengewicht der Sedimente ließen den Schlamm brokkenweise abrutschen. Zusammen mit seinen Bewohnern fielen diese kompakten Massen in die Tiefe. Die Tiere erstickten, wurden konserviert. Nachrutschender Schlamm deckte sie zu und drückte sie im Laufe von Millionen Jahren zu hauchdünnen Körpern. Gewaltiger Druck ließ den Schlamm zu Stein, zu Schiefer werden und wandelte die organischen Substanzen

Lebendig begraben.
Versteinerungen wie die des Schmelzschuppenfisches sind im Plattenkalk häufig. Seltener dagegen gerieten Urvögel in die Lagunen.

Eine Frau macht Jagd auf Echsen und Saurier

Mary Anning, ein junges Mädchen aus dem englischen Badeort Lyme Regis, sucht für die Besucher des Modebades fünfstrahlige Sterne und Ammoniten, die von den Felsen herabfielen. Sie und ihr Vater leben von dem Gewerbe, Fossilien zu sammeln oder aus dem Felsen zu schlagen. Den Besuchern verkaufen sie die Versteinerungen als Raritäten. Eines Tages entdeckt Mary das Skelett eines Ichtyosauriers. Zunächst fürchtet sie sich vor den versteinerten Knochen. Doch diese Fischechse ist nur der Auftakt ihrer Jagd nach den fossilen Drachen. 1821 findet sie im Lias von Lyme Regis den ersten Plesiosaurier, 1828 den ersten Pterosaurier.

in anorganische um. Wie kaum an einem anderen Ort blieben die verhältnismäßig kleinen Tiere aufs vollkommenste erhalten. Nicht nur die härteren Körperteile sind sichtbar. Bei dem winzigen Krebs Hymenocaris zum Beispiel blieben Klappe, Muskeln, Kiemen und zerbrechliche Gliedmaßen unversehrt. Unter der dünnen Panzerschicht eines Spinnentieres sind sogar Magen, Darm und Leber deutlich zu sehen. Weichtiere wie Quallen und Würmer zeigen Fangarme, innere Organe und empfindlichste Körperteile.

Schwämme samt ihrer Stützen, den Skelettnadeln, haben im Schiefer nicht nur Form, sondern auch ihren Aufbau und ihre Struktur bewahrt. Das Arsenal des kambrischen Lebens umfaßt u. a. die Vielborster Peronochaeta; Würmer mit Tentakeln, Burgessochaeta; Priapuliden, die als frühe Vorfahren der Parasiten angesehen werden; frei schwimmende Hohltiere, die Ananasscheiben ähneln; Chordatiere, die vermutlich Vorfahren der Fische waren; Schlammkriecher wie Opabinia, die ein doppelarmiges Greiforgan besaßen, das sie weit hervorschleudern konnten; Vielfüßler wie Hallucigenia; Stummelfüßler wie Asyheaia; den Vielborster Wiwaxia, ein Weichtier im Schuppenkleid – eine rätselhafte Tierwelt, die einem Science-fiction-Film entnommen sein könnte. So trug der Opabinia fünf Augen, der Hallucigenia sieben Tentakel auf seinem Rücken. Der Wurm »Amiskwia« hatte Flossen und riesige Augen. Sonderbare Trilobiten – die sonst nirgends gefunden wurden – sowie stachelbewehrte und wie Turnierpferde gepanzerte Krebse gruben mit ihren winzigen Borstenfüßen seltsame Spuren in den Schlamm.

Das so rekonstruierte Leben des kambrischen Ozeans ist aber längst nicht das einzige Fenster in die Vergangenheit des Lebens. Anderswo sind es die Trilobiten, die Leitfossilien dieser Epoche, die eine spannende, wenn auch versteinerte Geschichte erzählen. Sie waren in allen Meeren und Kontinenten verbreitet, die langsam zum Superlandmassiv »Pangaea« zusammenzudriften begannen. Die Tiere wurden bis zu einem halben Meter lang, hatten ein furchterregendes Aussehen, waren jedoch harmlose Pflanzenfresser. Der Chitinpanzer war quer und längs gelappt, lange Fühler standen wie Antennen vor dem ungeschlacht gepanzerten Kopf, aus dem große Facettenaugen hervorblickten. Unter dem Körper bewegten sich viele gespaltene Füße, die gleichzeitig für die Sauerstoffversorgung verantwortlich waren. Trilobiten ernährten sich von organischen Resten auf dem Meeresboden. Millionen von Jahren lebten sie

Leitfossile einer gigantischen Epoche. Die Trilobiten.

Malachit und Calcit sind oft miteinander verwachsen.
Einer der berühmtesten Fundpunkte ist Tsumeb/Südwestafrika. 25 x 28 mm.

Strahlenkugeln des Wavellits.
Die Kristalle kommen fast stets in radialstrahliger Ausbildung vor. Einzelkristalle sind selten. Reuss, Thüringen, DDR – 46 x 38 mm.

Schön, aber nicht schleifwürdig: Rubin.
Die begehrten Kristalle wurden im grünen Zoisit-Fels von Südafrika entdeckt. 34 x 28 mm.

Zerplatzt durch Handwärme: Schwefelstufe.
Grubenarbeiter retteten diesen schönen Kristall vor der chemischen Industrie. Sizilien, Italien – 39 x 27 mm.

Wie Diamanten funkeln die Kristalle der Zinkblende.
Das wichtige Zinkerz wandert normalerweise in den Hochofen. Tiffin, Ohio, USA – 20 x 24 mm (oben).

Farnkraut aus reinem Silber.
Das Edelmetall kristallisiert gern in skelettartiger Form und ist in Calcit eingelagert. Chihuahua, Mexiko – 25 x 32 mm.

**Schon vor der Uran-
entdeckung bekannt:
Tobernit.**
Einer der wenigen Uranglimmer, der trotz seiner Farbe nicht fluoresziert. Shaba, Zaïre – 27 x 45 mm.

Landschaften im Achat entstehen durch Einlagerungen. ▷
Feinste Eisen- und Mangan-Oxide verfärben das Mineral bänderartig.

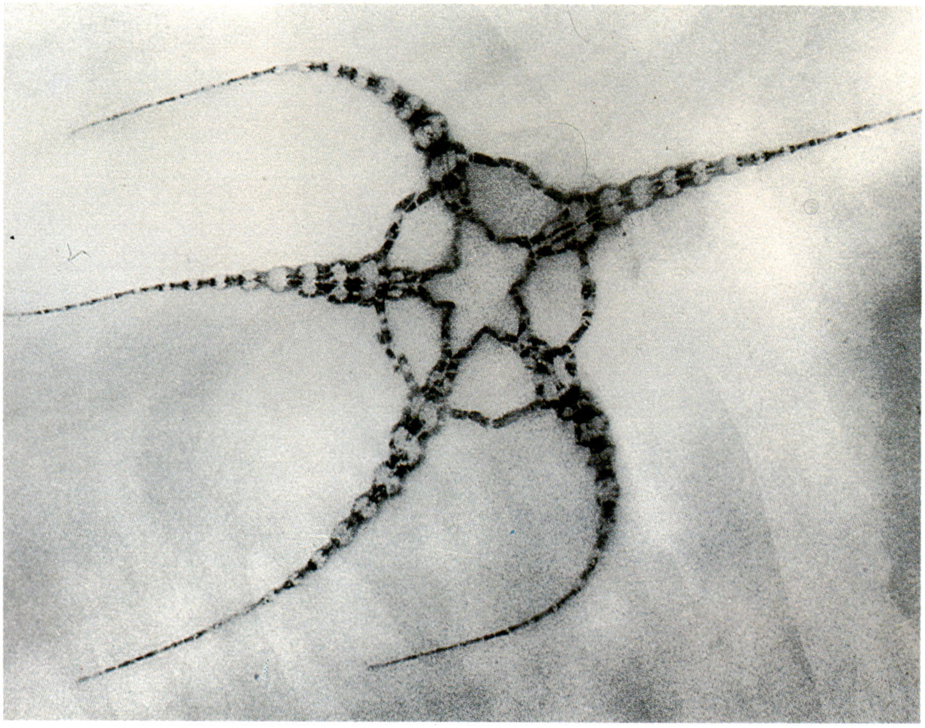

anscheinend ungestört – bis sich gegen Ende des Kambriums Feinde einstellten. Darauf veränderte das Wesen sein ursprünglich glattes Aussehen. Es bildete Spitzen, Auswüchse und Stacheln – passive Waffen gegen den gefrässigen Gegner. Es zerschlitzte und zerfaserte sich zur Tarnung. Eine Metamorphose, in Stein dokumentiert, die eher einer Selbstauflösung einer Tierart ähnelt, als einer Anpassung an neue Lebensbedingungen. Im Perm schließlich starben die Trilobiten aus – nach 390 Millionen Jahren.

Im gleichen Jahr, als Walcott in Kanada Weichtiere fand, begannen Geologen mit den Ausgrabungen eines Dinosaurier-Grabes in einer Tongrube bei Halberstadt. Vierzig Tiere der gigantischen Gattung Plateosaurus wurden aus dem festen Ton geborgen. Eigentlich nur ein bescheidener Rest. 100 der vollständigen Skelette gingen

Im Holzmadener Schiefer: riesige Skelette von Fischechsen.

durch Unkenntnis von Besitzer und Arbeitern verloren. Die Skelette der Saurier stammten aus der Trias, einer 35 Millionen Jahre dauernden Epoche.

Silur, Devon, Karbon und Perm sind vorüber. Die Erde erlebt heftigsten Vulkanismus. Atlantik und Tethys, der Vorläufer des Mittelmeeres, bilden sich durch Kontinentalverschiebung. Die riesige Kontinentalplatte reißt in viele Teile. In Europa, das noch mit Nordamerika, Afrika und Asien verbunden ist, falten sich die Kaledonischen Alpen auf. In der Tierwelt erscheinen zum erstenmal echte Fische. Tiere und Pflanzen verlassen das Meer und erobern über Brackwasser und Sümpfe das Land. Die Pflanzenwelt nimmt in relativ kurzer Zeit gewaltigen Aufschwung. Ganze Wälder werden an den

Apatit-Kristall von der Knappenwand.
Wichtigster Rohstoff für die Kunstdüngerproduktion ist das Mineral Apatit. Es enthält Phosphat. Knappenwand, Österreich – 10 x 12 mm.

Röntgenbild einer Versteinerung.
Die moderne Technik beweist, wie exakt die Lebewesen aus der Urzeit in Stein konserviert wurden (oben).

Rand- und Innensenken der Gebirge zu Kohle. Insekten erobern den Luftraum, und aus den Amphibien entwickeln sich die Reptilien: Saurier, Krokodile, Schlangen und Schildkröten. Die ersten Ursäugetiere treten auf. Im Wasser beginnt das Zeitalter der Kopffüßler und Schnecken, Nautiliden und Muscheln, aber auch der Amphibien. Eine Zeit tropischen Klimas und riesiger Lagunen. Eine solche Lagune gibt es auch am Rande der heutigen Schwäbischen Alb in Süddeutschland. Das Binnenmeer endet flach vor den gewaltigen Kalkbarrieren eines Korallenriffs. Durch das Wasser schwimmen delphinartige Tiere mit langen Schnauzen. Zwölf Meter lang, der Kopf mit den 200 scharfen Zähnen mißt allein schon zwei Meter! Ihre schlanken Körper gleiten, von kraftvollen Flossenschlägen getrieben, wie Wale durchs Wasser. Sie gebären lebende Junge, die mit der Schwanzflosse voran aus dem Mutterleib gleiten. Ihr wissenschaftlicher Name lautet Ichthyosaurus. Doch der Name verleitet zu falschen Spekulationen. Zu keiner Zeit waren diese Tiere Saurier, also Reptilien, sondern eher Fischechsen und damit Amphibien. Kaum ein anderes versteinertes Tier – außer dem Archaeopterix, dem Urvogel – wurde so bekannt und berühmt wie die Ichthyosaurier von Holzmaden. Gleich schwarmweise wurden diese gewaltigen Meeresbewohner im flachen Wasser begraben. Vermutlich gerieten sie oft lebendig in den Schlamm.

Das unauffällige Dorf an der Albkante gelangte durch die Entdeckungen und unermüdliche Arbeit von Dr. Bernhard Hauff, einem Steinbruchbesitzer, zu Weltruhm. Er löste die Urzeittiere mit Geduld, Hammer und Meißel, Stichel und Messer aus dem schiefrigen Urgestein. Drei Monate lang arbeitete der Hobby-Paläontologe, um ein zwei Meter langes Tier aus dem Stein zu präparieren. Was er zutage förderte, gehört heute zu den wertvollsten wissenschaftlichen Schätzen der paläontologischen Abteilung der Museen. Kopien der hervorragend erhaltenen Funde aus dem einstigen Lias- und Jurameer wanderten in alle Welt.

Ein Opal, der nicht opalesziert: der Feueropal.
Er gehört zu den teuersten und gesuchtesten modischen Schmucksteinen. Er wird zunehmend beliebter.

Der Pakt des Teufels mit dem Mühlstein

Ein Steinbruchbesitzer in Schlesien konnte seine Mahlsteine nicht mehr an die Müller verkaufen, weil der Teufel wohl seine Krallen in das Gestein geschlagen hätte. Deutlich waren die Teufelsspuren zu sehen. Ein Breslauer Arzt kaufte den Stein zum halben Preis, weil er die Teufelsabdrücke als gut erhaltene Fossilien erkannte. Der runde Stein war mit unzähligen Jakobsmuscheln übersät.

Verwitterter Achat.
Wie andere Steine auch können Achate verwittern. Dann zeigen sie deutlich die Härte ihrer Bänderungen. Madagaskar – 300 x 340 mm.

Brochantit, ein Kupfersulfat.
Solche Kristalle kommen nur in Trockengebieten vor. Sie sind wasserlöslich. Chile – 16x22 mm

Tansanit – erst 1967 entdeckt.
Der Edelstein kam gleich in Massen in den Handel. Um den Preis zu stabilisieren, wurde die Mine gesprengt. Tansania – 42x28 mm.

Unter allen Forschern, die nach den Überresten der großen Erdbewohner suchten, war Hauff einer der erfolgreichsten. Mit sicherem Gespür wußte er, wo die Riesen in seinen Steinbrüchen lagen. Mit Meißel und Skalpell traf er die richtigen Stellen, um sie sichtbar zu machen. Was Hauff nicht ahnen konnte: Seine Arbeiten entfachten ein weltweites Jagdfieber auf Versteinerungen, dem gerade im letzten Jahrzehnt immer mehr Menschen verfielen.

Die reichsten Museen der Welt schickten ihre Geologen und Paläontologen auf »Drachenjagd«.

Expeditionen in die Vergangenheit. Ein Abenteuer.

Mit viel Geld, Maschinen und oft sogar System wurden die Steinbrüche von Trias, Jura und Kreide aufgeschlossen. Eine Erfolgsmeldung nach der anderen löste weitere Suche nach den Urzeitechsen aus. Die Funde wurden besonders in Nordamerika immer gigantischer. Die Zeit der Expeditionen in die Vergangenheit des Lebens begann. Das war vor hundert Jahren.

Heute sind zwar die spektakulären Funde von Urzeitechsen ein wenig in Vergessenheit geraten, dafür konzentrierten sich die Wissenschaftler jetzt auf Details.

In den Rocky Mountains des US-Staates Montana fanden jetzt Forscher zwei Nester des größten Landraubtieres aller Zeiten. Mit über zwanzig Zentimeter langen Zähnen im riesigen Gebiß und enorm kräftigen Hinterbeinen war dieser Dinosaurier ein gefährliches Tier für alle Landbewohner. Er konnte sogar die drei- und viermal so schweren pflanzenfressenden Brontosaurier überwältigen – falls er sie erwischen konnte. Doch der große Raubsaurier hatte eine schwache Stelle. Er war nicht, wie die Wissenschaftler bisher annahmen, kaltblütig, sondern warmblütig.

Diese Erkenntnis lieferten jetzt die versteinerten Nester. 30 Eier und die Reste von ein paar Saurierbabys konnten gefunden werden. Die Saurierkinder waren nicht größer als 20 Zentimeter! Unvorstellbar winzig gegenüber ihren riesigen Eltern, die oft in der Höhe die Sechs-Meter-Marke überschritten. Solch kleine Geschöpfe mußten vor Feinden geschützt werden. Doch den ungeschlachten Tieren wird es schwergefallen sein, ihren winzigen Nachwuchs großzupäppeln. Und irgendwann überlebten zu wenige, um die Art zu erhalten.

Doch neben den Wissenschaftlern gehen immer mehr Laien und Hobby-Paläontologen auf die Suche nach den Bildern des Urlebens. Mit speziellen Reiseunternehmen können sie sogar einen Urlaub in die Urzeit buchen. Exkursionen bringen sie an alle Fossilienfundorte der Welt – sogar bis in die Trockentäler der Antarktis. Die meisten aber suchen selbst mit Hammer und Meißel auf eigene Faust nach Fossilien. In Deutschland zum Beispiel spielten diese Hobby-Paläontologen eine bedeutende Rolle bei der Rettung einer der ergiebigsten Fundorte, der Grube Messel bei Frankfurt. In ihr schlummerten und ruhen vielleicht noch heute große Mengen zu Stein gewordener Dokumente des Eozän, einer Epoche des Erdmittelalters. Ihr Protest rettete den ehemaligen Steinbruch vorläufig. Ihre Suche nach den Steinbildern forderte das Frankfurter Senckenberg-Museum heraus, die Grube systematisch nach Fossilien zu untersuchen.

Was darauf zutage kam, versetzte nicht nur die Sammler in Erstaunen: 20 000 Fossilien in nur

Ein nimmersattes Grab. Mitten in Deutschland. Bei Messel.

einem Jahr. Darunter sensationelle Funde, wie Urpferdchen, Riesenschlangen und eine seltene Weichschildkröte, weiter Fische, Leguane und zwei Alligatoren, Frösche, Vögel und viele Kleinsäugetiere. Das bis dahin unklare Wissen über das Leben in Deutschland vor 50 Millionen Jahren bekam plötzlich eine plastische Gestalt: Im Gebiet des heutigen Frankfurt wächst ein dichter Urwald. Das subtropische Klima läßt riesige Palmen, Farne, Drachenbäume und immergrüne Eichen gedeihen. Mitten im Urwald liegt ein stiller See, die heutige Grube Messel, abgetrennt vom nahen Fluß, dem Rhein. Am lianenüberhangenen Ufer tummeln sich Alligatoren und Schildkröten, Urnashörner kommen zur Tränke. Scheu machen ihnen kleine Urpferdchen Platz. Im Geäst sitzen unzählige Vögel. Die Luft ist »besetzt« von Insekten: Riesenlibellen und farbigen Schmetterlingen.

Idyllisch, würde man heute sagen, doch die Grube Messel ist für die Tiere ein nimmersattes Grab. Ein sanftes Grab, wie die Forscher feststellten. Denn nicht nur die Knochen blieben während des Versteinerungsprozesses erhalten,

Ein Flugsaurier im Eichstätter Plattenkalk.
Auf häutigen Flügeln segelten diese Saurier über die Jurameere. Sie starben restlos aus.

auch die Weichteile wurden hervorragend konserviert. Und sogar der Mageninhalt eines der kleinen Pferdchen. Die Forscher analysierten diese letzte Mahlzeit. Sie entdeckten Blätter: Der Vorfahre unserer Pferde war also ein Waldtier, das sich wohl erst in der Steppe auf Grasnahrung umstellte.

Die Mitarbeiter des Senckenberg-Museums orientierten sich bei ihrer Arbeit nach den Strömungsverhältnissen des ehemaligen Sees. Weit ab von der Einmündung eines Flußarmes und vom Ufer entdeckten sie einen gigantischen Fossil-Friedhof. Hierhin wurden die toten und lebendigen Pflanzen und Tiere geschwemmt. Zusammen mit den feinen Sedimenten versanken sie auf den Grund und verwesten nicht, sondern wurden von nachfolgendem Schlamm überdeckt. Noch immer hat die Grube Messel nicht alle Schätze freigegeben, die sie wohl in sich birgt. Und vielleicht wird es dazu wohl auch nicht kommen. Die Eigentümer wollen den Friedhof der frühen Erdgeschichte wieder zu einem Friedhof machen. Einem Friedhof menschlicher Wegwerf-Kultur, einer Mülldeponie.

Nicht alle Funde aus dem Messel-See sind in Museen zu bewundern. Viele Tier- und Pflanzenversteinerungen wanderten in den Fossilienhandel. Die kostbarsten Stücke erzielten hier astronomische Preise. So sollen Sammler für ein nicht ausgewachsenes Urpferdchen 1,2 Millionen Mark gezahlt haben. Als im Frühjahr 1980 in Stuttgart die erste Ausstellung für Fossilienfreunde veranstaltet wurde, tauchte sogar ein versteinerter Flugsaurier auf, über dessen Herkunft es jedoch nur Spekulationen gab.

Das Eozän hat nicht nur im Süden Europas fossile Spuren hinterlassen. Ein Produkt dieser Epoche ist auch der Bernstein – das Gold der Meere. Besonders häufig tritt er im Bereich der Ostsee auf. Bernsteine sind seit Jahrhunderten von allen Kulturvölkern begehrte Juwelen aus fossilem Harz. Sie entstanden durch Harzfluß von Koniferen im Erdmittelalter. Das prähistorische Harz, das dem Harz heutiger Nadelbäume sehr ähnlich war, tropfte auf den Boden. Sehr oft in dicken Klumpen. Auf dem Weg dahin schloß die klebrige Masse manchmal Borkenstücke, Insekten, Spinnen, Tausendfüßler, Krebstierchen, ja sogar Schnecken und Würmer ein.

Eine bessere Konservierungs-

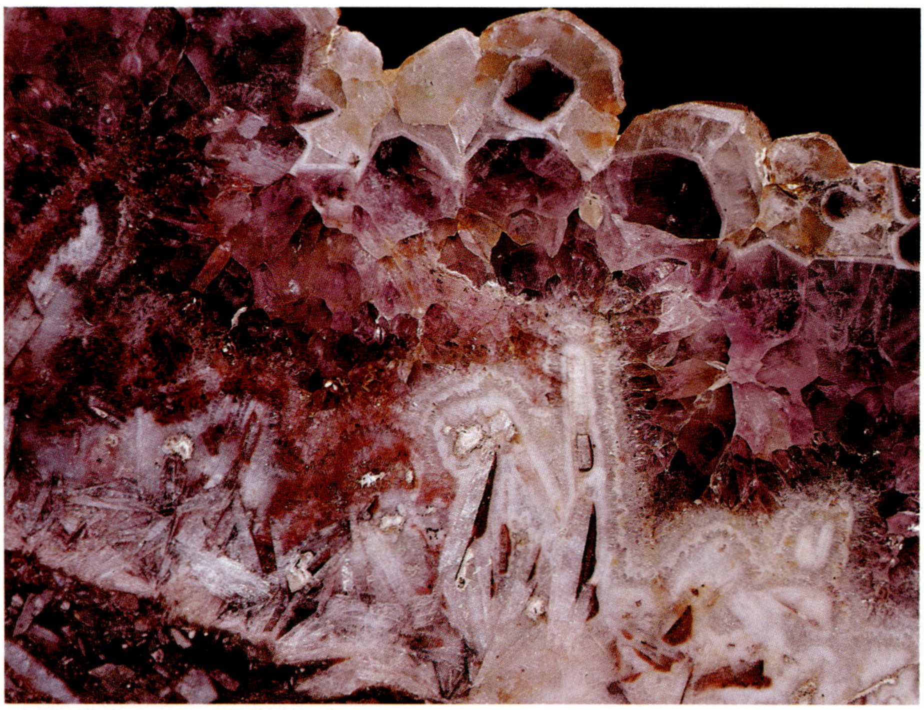

Amethyst – durch natürliche Bestrahlung gefärbter Quarz.
In der Antike galt der Kristall als Schutz vor Trunkenheit. Sulzburg, BRD – 37 x 50 mm.

Das Geld der Hexe

Früher hielten die Menschen in Spanien die Nummuliten, Fossilien im Kalk, für Geldsteine oder Hellersteine. Sie sollten einer ägyptischen Sphinx oder Hexe gehören. In Frankreich waren sie Geld des heiligen Petrus, aber auch Zahlmittel des Teufels und in anderen Teilen Europas glaubte man, das Geld sei durch ein Wunder zu Stein geworden, um den Feind zu täuschen.

art als dieses Harz der Nadelwälder konnte sich die Natur nicht aussuchen. Winzigste Härchen von den Flügeln einer Köcherfliege blieben ebenso erhalten, wie der Parasit einer fossilen Zuckmücke. Der Fadenwurm bohrte sich zwar im Todeskampf noch aus der Mükke heraus, blieb aber in der klebrigen Substanz haften. Eine andere Zuckmücke wurde zusammen mit einer schmarotzenden Wassermil-

Das Fenster durch fünfzig Millionen Jahre. Klarer Bernstein.

be konserviert. Ein Hinweis darauf, daß sich schon vor Jahrmillionen Parasiten ihre Opfer suchten, um in neue Lebensbereiche sozusagen per Taxi transportiert zu werden.

Die Liste der in fossilen Bernstein eingeschlossenen Tiere ist lang. In manchen Stücken wurden die kleinen Tiere gleich dutzendweise eingeschlossen. Diese »Massengräber« müssen auf die Tiere wie Magneten gewirkt haben. Der optische Reiz der Harztropfen mag die Insekten zum Naschen verleitet haben, oder hatte sie der strenge Terpentingeruch des Harzes angelockt? Den absoluten Rekord solcher Masseneinschlüsse hält ein Dominikanischer Bernstein von nur 24 Kubikzentimetern Größe: 1 200 Individuen der Langbeinfliegen wurden gefangen. Sie liegen nicht frei im Harz, sondern in Schichten – dicht an- und aufeinander. Forscher schließen daraus, daß die Tiere nicht nur an einem Tag eingeschlossen wurden. Im heißen, trokkenen Klima des Eozän festigte sich das Harz schnell zu einer steinharten Masse. Doch Bernstein wurde daraus erst im Laufe von Millionen Jahren. Die lange Zeit veränderte jedoch nicht die organische Struktur. Das Harz wurde nicht zu Stein. Den Beweis dafür liefert der Industriebernstein, der lange Zeit für die Terpentin- und Lackherstellung als Rohstoff diente.

Echter Bernstein ist geruchlos (kein Harz- und Terpentingeruch) und hart. Er läßt sich auch ohne Geruchsentwicklung schleifen und polieren. Jüngeres Harz aus späteren Epochen schmiert beim Schleifen oder entwickelt unangenehme Gerüche. Bernstein lagert normalerweise fest eingeschlossen in Erd- und Gesteinsmassen – abgesehen von einigen durch Flüsse und das Meer freigewaschenen Stücken. Im Baltikum, wo die wertvollsten Bernsteinlager im Tagebau gefördert werden, wird dieses Muttergestein »Blaue Erde« genannt. Sie gibt den fossilen Harzstücken ein unscheinbares Äußeres, das sie auf den ersten Blick nicht von anderen Steinen unterscheiden läßt. Nur wenn er vom blauen Muttergestein freigewaschen

Kugelige Sphärolithe vom Pseudomalachit.
Das Kupferphosphat ist dem Malachit sehr ähnlich und kommt in seiner Nähe vor. Rheinbreitbach, BRD – 30 x 30 mm.

Mit Haut und Haaren.
Gefangen im fossilen Harz, wurden sogar kleinste Härchen konserviert (oben).

Vanuralit: aus Vanadium und Uran.
Eine komplizierte Verbindung der »Mutterelemente« ließ diese Kristalle in Mounana, Gabun, entstehen. 21 x 17 mm.

Manganit aus Ilfeld.
Diese Lokalität ist weltberühmt und hat die allerschönsten Kristalle dieses Minerals geliefert.
DDR – 61 x 50 mm.

Emser Tönnchen.
Pyromorphite haben gekrümmte Kristallflächen. Nach dem Fundort Bad Ems benannt. 25 x 14 mm.

Doppelspiel der Natur.
Markasitkristalle überziehen einen Bleiglanzwürfel aus Joplin, Missouri, USA. 36 x 46 mm.

Chrom färbt den grünen Chlorit violett. ▷
Dieses Mineral heißt Kämmererit. Kop Daglari, Türkei – 4x6 mm.

wird, zeigt der Bernstein sein honigfarbenes Aussehen. Im ehemals deutschen Ostpreußen wurde die bernsteinhaltige Erde einfach ins Meer gekippt. Der leichte Bernstein schwamm an der Oberfläche, während die Blaue Erde auf den Grund sank. Bernsteinfischer holten ihn mit großen Keschern und Netzen heraus. Nur verhältnismäßig wenige Stücke einer solchen »Ernte« können zu Schmucksteinen verwendet werden. Die meisten Harzklumpen sind trüb, braun oder voller Luftbläschen.

Schon zur Römerzeit waren die klaren Bernsteine von der Ostsee ein begehrtes Handelsgut. Auf einer eigens nach ihnen benannten Straße wurden sie nach Süden gebracht. Die Römer verarbeiteten das Gold der Ostsee zu Schmuck. Gegenüber anderen Steinen war das fossile Harz leichter zu bearbeiten. Es kann nicht nur geschliffen werden, sondern läßt sich auch schnitzen. Diese Eigenschaft teilt es mit dem Elfenbein alter Mammuts, das im Baltikum und dem Germanenreich gefunden wurde und das über den gleichen Handelsweg nach Rom gelangte.

Aber nicht nur die reichen Römer waren hinter dem gelben, braunen und honigfarbenen Gold der Ostsee her. Bernstein faszinierte schon Babylonier, Ägypter, Phönizier und Griechen. Die wertvollsten und zugleich interessantesten Funde von bearbeitetem Bernstein stammen jedoch nicht aus dem Bereich dieser alten Kulturvölker. Sie kommen von der ehemaligen ostpreußischen Küste. Dort haben vor 5000 Jahren steinzeitliche Jäger gelebt. Sie kannten den edlen Stein aus dem Meer nicht nur, sondern schmückten sich sogar damit. Zufällig wurden im vorigen Jahrhundert diese bearbeiteten Bernsteine durch Bagger im Kurischen Haff aus dem Sand gefördert. Lange Zeit gehörten diese Zeugen prähistorischen Schmucks zur Bernsteinsammlung des Geologisch-Paläontologischen Instituts der Kö-

5000 Jahre alte Bernsteinkultur: Schmuck der Steinzeit.

200 Millionen Jahre alte Seelilien.
Die Tiere – nicht Pflanzen – wurden gleich massenweise im Schiefer versteinert. Fundort Holzmaden, BRD.

Der abscheulich schmeckende Pfannkuchen

Eines Tages stieß Peter Kasten beim Ausschachten eines Brunnens in den Kochsöhlen bei Oberohe auf eine starke Schicht einer lockeren weißen Erde. Auf seinen weiten Fahrten mochte ihm wohl zu Ohren gekommen sein, daß man in Schweden in knappen Zeiten dem Brotmehl eine feine leichte Erdart, »Bergmehl« genannt, zuzusetzen pflegte. So kam er auf den Gedanken, daß die durch seinen Spaten bloßgelegte Erde eßbar

sein könnte, zumal sie sich etwas mehlig anfühlte. Er sagte aber keinem Menschen etwas von seiner Entdeckung und wollte erst für sich eine Probe machen, ob das Bergmehl als Nahrungsmittel zu gebrauchen sei. Eines Sonntags, als seine Hausgenossen nach Müden zur Kirche gegangen waren, rührte er weiße Erde, Milch und Eier zu einem Teig zusammen, tat Speck hinzu und buk einen stattlichen Pfannkuchen. Aber ach, dieser roch ganz eigentümlich und schmeckte abscheulich und lag ihm wie Blei im Magen. Er hütete sich wohlweislich, von seinem Backversuch etwas verlautbaren zu lassen, bis ihm in einer schwachen Stunde, als er zu tief ins Glas geschaut hatte, die Zunge durchging. Jetzt brauchte er für den Spott nicht zu sorgen. Bald wanderte Peter Kastens Pfannkuchengeschichte durch die ganze Heide und wurde viel belacht. Dadurch verbreitete sich die Kunde von der »weißen Erde« bei Oberohe. Schließlich wurde die Erdart untersucht, wobei sich herausstellte, daß Peter Kasten ein Lager Kieselgur angeschnitten hatte. Es verging aber noch eine Reihe von Jahren, bis man mit der bergmännischen Ausbeutung dieser Bodenschätze begann. Im Jahre 1863 wurde bei Oberohe die erste Kieselgurgrube der Lüneburger Heide angelegt.

Nach Oberschullehrer Paschke im Celler Heimatkalender von 1931.

nigsberger Universität. Doch der Zweite Weltkrieg gefährdete die mit 100000 schönen Stücken wohl umfangreichste Sammlung der Welt. 10000 Bernsteine wurden in den Westen verschickt, darunter 22 Funde aus der Steinzeitkultur.

Die wertvollen Steine tauchten jahrzehntelang nicht auf. Die Figuren wurden sogar für verschollen gehalten, bis sie durch Zufall 1977 ans Tageslicht kamen. Archäologen schätzen das Alter der Bernsteinfiguren aus dem Haff auf etwa 5000 Jahre. Sie zeigen grimmig dreinblickende Männer, einen Dolch, Kultfiguren und Schmucksteine mit Schnitzereien. Viele von ihnen haben ein Loch, so daß die Vermutung naheliegt, daß sie als Amulette um den Hals getragen wurden.

Später, in der Antike, schätzten die Goldschmiede jedoch besonders den klaren Bernstein, der frei von Einschlüssen sein mußte. Im Harz gefangene Insekten oder Pflanzenreste hielten sie für uner-

Schon die Steinzeitjäger schnitzten ihre Kultur in Bernstein.
Fischer fanden diese Figur im Sand der Samlandküste des ehemaligen Ostpreußen.

Lebendig ins Harz: männliche Langbeinfliege.
Im Bernstein eingeschlossen, war das Tier vor Verwesung geschützt. Fundort: Deutsche Ostseeküste.

Von den Wellen zu Kugeln gerollt: Bernsteine.
Das fossile Harz tropfte in Klumpen auf den Boden. Jahrmillionen machten es hart.

Vielfüßerkrebs aus dem Jurameer.
Sogar die dünnen Beine und zerbrechlichen Fühler blieben erhalten. Fundort: Eichstätt, BRD.

wünschte Verunreinigungen. Doch gerade diese Einschlüsse erzählen uns etwas über die Entstehung des Bernsteins. An ihnen können die Forscher bestimmen, aus welcher Zeit das Harz stammt und unter welchen Umständen das Tier hineingeriet.

Oft ist der Kampf des Tieres gegen die Harzfalle noch deutlich zu erkennen. Käfer zum Beispiel ruderten sich mit ihren kräftigen Beinen erst richtig in den Bernstein hinein, statt heraus. Man sieht es an den feinen Luftbläschen, die beim Befreiungsversuch mit ins Harz gerieten. Größere Tiere wie Schnaken rissen sich los und verzichteten lieber auf ein steckengebliebenes Bein als auf ihr Leben. Andere Tiere schwammen erst ein paar Millimeter durch die zähe Masse, bevor sie starben. Libellen und andere große Tiere konnten sich fast immer erfolgreich befreien. Sie ließen allenfalls eine Spur zurück. So wurden Haare von Säugetieren und Federn von Vögeln gefunden.

Zweifelsohne liefert die europäische Ostsee den schönsten und klarsten Bernstein. In früheren Zeiten sogar in solchen Mengen, daß zum Beispiel die Samlandküste den Beinamen »Bernsteinküste« erhielt. Aber auch an anderen Orten der Welt wird Bernstein gefördert. Berühmt sind die Fossilienharze von Haiti, bekannt als Dominikanische Bernsteine. Sie stellen mit einem zehn Pfund schweren, klaren Stein wohl den größten und wertvollsten Fund. Das Exemplar, jetzt im Besitz des Staatlichen Museums für Naturkunde Stuttgart, wurde 1979 in einer Kaffeeplantage ausgegraben. Ein nur wenig kleinerer Bernsteinbrocken wurde auf der Stuttgarter Fossilienmesse 1980 für 36 000 Mark angeboten. Aber auch der Libanon hat große Bernsteinfunde zu verzeichnen. Der Libanon-Bernstein ist erdgeschichtlich gesehen der älteste. Seine Entstehung reicht bis ins Zeitalter der Saurier und Ammoniten zurück. Er läßt sich wegen seiner splitternden Eigenschaft nicht wie Baltischer oder Dominikanischer Bernstein zu Schmuck verarbeiten, sondern besitzt hohen Wert für die Wissenschaftler. So lieferte er den Forschern zum Beispiel die einzigen in ursprünglicher Größe und Form erhaltenen Kleinlebewesen dieser Zeit, aber auch die Erkenntnis, daß es schon in der

Ein Drache im Federkleid: Urvogel Archaeopterix.

ältesten Kreidezeit vor 125 bis 130 Millionen Jahren Schmetterlingsmücken gab, eine winzige Insektenart, die heute noch lebt.

Weniger berühmt und bedeutend sind die Bernsteine aus Frankreich, Sizilien, Sibirien, Burma, Kanada, Alaska, New Jersey und Mexiko. Als kuriosester Fundort wurde Österreich bekannt. Dort traf ein Bohrmeißel hunderte Meter tief zufällig auf ein winziges Bern-

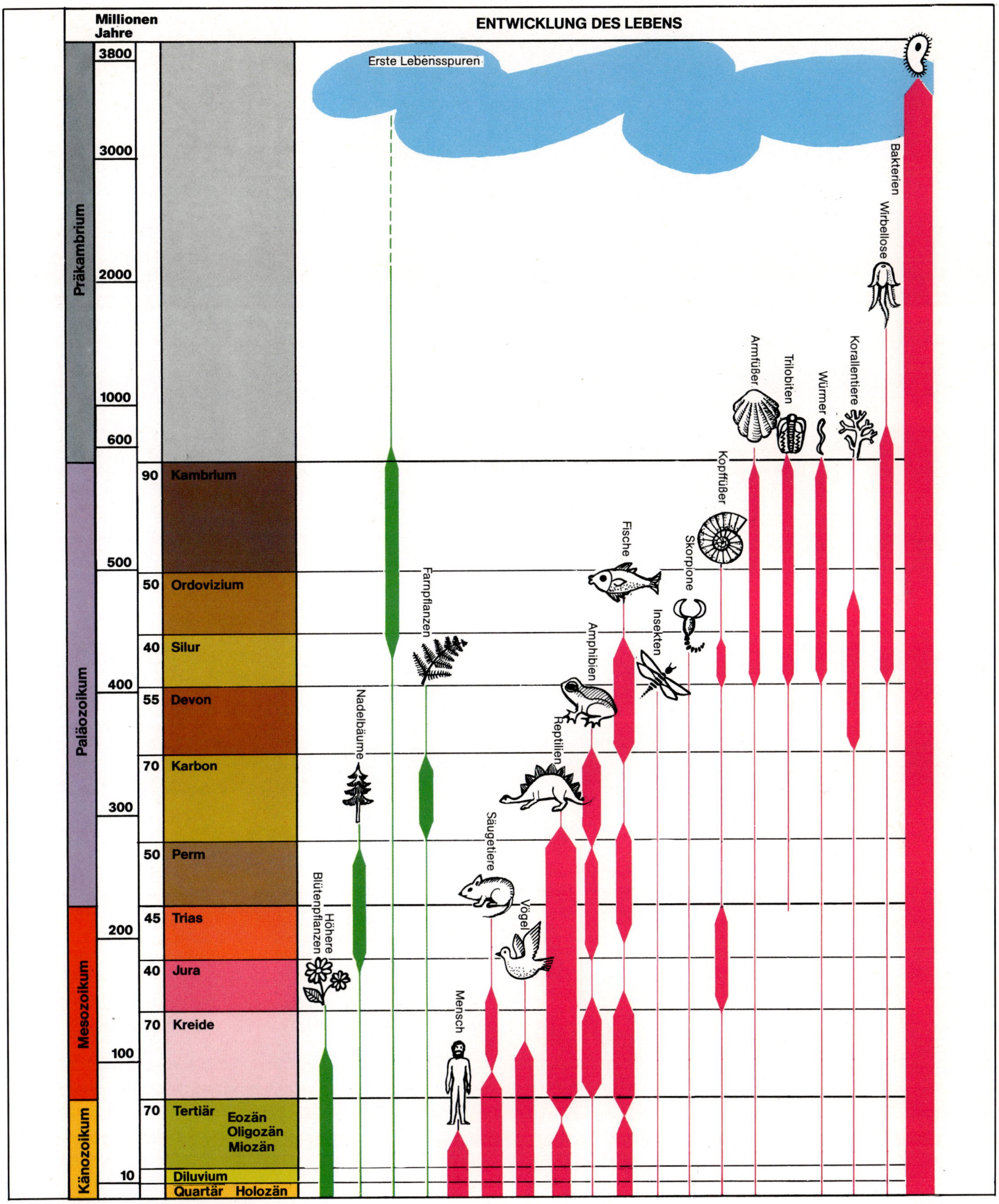

Die paläontologische Zeittafel.
Hunderte von Millionen Jahren währt die Entwicklung des Lebens. Der Mensch ist die jüngste Schöpfung der Evolution.

Drei unbedeutende, aber sehr schöne Mineralien. Auf einer Stufe: Fourmarierit-Täfelchen, Vandendriesscheit-Büschel und Rutherfordin-Kruste. Shaba, Zaïre – 4 x 4 mm.

Pseudomorphose in Stein. Pyromorphit-Kristalle wurden von grauem Bleiglanz ersetzt und dann von einer neuen Pyromorphit-Kruste umwachsen. Bad Ems, BRD – 27 x 36 mm (oben).

steinstück, das samt eines Einschlusses geborgen werden konnte. Es war der erste Bernsteinfund in Österreich.

Mit Fossilien verbindet sich unlösbar der Name eines der spektakulärsten Funde – der Urvogel »Archaeopterix«. Wie kaum ein anderes Tier lehrte er die Wissenschaft eine Antwort auf die Frage zu finden, warum die Vögel fliegen können. 1861 geborgen, galt er lange Zeit als »Weltwunder von Solnhofen«. Das Reptil im Federkleid wurde auch wegen seiner Folgegeschichte berühmt: Nach langem Hin und Her zwischen seinem Fundort Solnhofen und London landete es schließlich im Britischen Museum. Noch zwei weitere Vertreter des Urvogels wurden in den Plattenkalken der Fränkischen Alb gefunden. Einer davon wurde wegen seiner Vollständigkeit der wichtigste Fund der Solnhofener Plattenkalke.

Vor 145 Millionen Jahren versank der taubengroße Archaeopterix im Jurameer mitsamt seinen Federn. An seinen Flügelenden blieben die drei bekrallten Fingerknochen ausgezeichnet erhalten. Auch die vielen Schwanzwirbel waren unbeschädigt. Heute gehört der Urvogel zu den bestgehüteten Gegenständen der Humboldt-Universität in Ost-Berlin. Der dritte Vertreter aus der Familie Archaeopterix wurde erst 1956 gefunden. Doch er war für die Wissenschaftler weit weniger aussagekräftig als seine beiden »Vorläufer«. Das fliegende Reptil Urvogel lieferte mit seinen Federn den Forschern übrigens einen schlüssigen

Uhleköppe

Weil manche Steine von der Seite so wie Eulen aussahen, nannten die Bewohner der Eifel fossile Armfüßer »Uhleköppe«. Die Bauern konnten sich die merkwürdige Gestalt der Brocken nicht erklären und legten sie an den Rand der Felder. Mitunter glaubten sie auch, die Steine seien verzaubert oder würden magische Kräfte besitzen.

Beweis, daß es auch warmblütige Saurier gab.

Der Todeskampf der Tiere im Solnhofer Kalk ist oft deutlich erkennbar. So war ein Pfeilschwanzkrebs mit dem Beginn seiner Versteinerung nicht einverstanden. Mit kräftigen Schwanzschlägen versuchte er, dem Unheil zu entkommen. Doch die Kalkausscheidungen der Lagunen der

Fossilien beweisen: Die Saurier lernten fliegen.

tropischen Jurameere, die sich über weite Teile Süddeutschlands, Frankreichs und Italiens erstreckten, waren vermutlich so groß, daß sie ihn bei lebendigem Leibe zudecken konnten. Zu den seltenen Funden im Kalk gehören Schnabelfische, schnelle Raubfische mit spindelförmigen Körpern. Auch Krokodile ließen in den flachen Teilen der Meere ihr Leben. Krokodile sind übrigens zusammen mit Schildkröten und Schlangen die einzigen Vertreter einer einstmals artenreichen Reptiliengruppe, die sich bis heute fortpflanzen konnten.

Solnhofen lieferte der Wissenschaft den Beweis für eine lange angezweifelte Vermutung: Es gab Saurier, die fliegen konnten. Die Vorderfüße der Vierbeiner waren zu Flügeln umfunktioniert und mit Häuten »bespannt«. In vielfachen Formen müssen sie einst den Luftraum beherrscht haben – Millionen Jahre lang. Ihre Körperform variierte von kleinsten Minidrachen bis zu riesigen Seglern. Eine Echse aus der Oberkreide, der Pteradonon, brachte es auf sieben Meter Flügelspannweite. Ein anderer Saurier, Quetzalcoatlus genannt, brachte es gar auf 15,50 Meter von einer Flügelspitze zur anderen. Dieser Fund stellte alle Theorien über die Größe von flugfähigen Tieren auf den Kopf. Anders als die

Die faserigen Kristalle des Okenit bilden Kugeln.
Die kleineren Gebilde sind Phillipsit. Beide gehören zu den Silikaten. Poona, Indien – 62 x 83 mm.

Chalcedon aus Brasilien.
Aus Siliziumdioxyd-Gel entstand in einer Höhle dieses Gebilde aus kleinsten, sphärolithischen Kristallen – 48 x 54 mm (oben).

hautigen Flügel der Fledermäuse waren die Saurierflügel mit starken Fasern durchsetzt. Sie sollten ein Flattern der Häute bei hohen Fluggeschwindigkeiten verhindern. Diese starken Fasern sind hervorragend im Plattenkalk von Solnhofen erhalten geblieben.

Genaue Kenntnis, wie es dazu kam, daß den Sauriern Flügel wuchsen, sie hohle Knochen bekamen und sich in die Luft erhoben, um sich segelnd und fliegend fortzubewegen, hat die Wissenschaft, trotz der vielen Flugsaurierfunde, allerdings immer noch nicht. Doch die Vermutung, daß es sich um keinen Zufall, sondern um eine Spezialisierung für eine ökologische Nische handelt, liegt nahe. Sicher mag die Flucht vor stärkeren und größeren Feinden ein Grund fürs Fliegenlernen gewesen sein, sicher aber auch die Nahrungssuche. Denn eine der fliegenden Echsen besaß in ihrem Maul einen Wald von langen Seihzähnen. Sie brauchte wohl nur im Gleitflug übers Wasser zu streichen und den »Schnabel« aufzusperren, um ihn mit Plankton oder Kleinlebewesen zu füllen.

Als Vorfahren der Vögel allerdings können die Flugsaurier nicht angesehen werden. Ihre Arten starben allesamt aus. Vor etwa 50 Millionen Jahren, in der Zeit des großen Sauriersterbens verlieren sich ihre versteinerten Spuren.

Die Wahrscheinlichkeit, weitere Flugdrachen oder gar Urvögel im Solnhofer Kalk oder anderswo zu finden, ist gering. Und für die Fossiliensammler kein lohnendes

Versteinerungen gibt es überall. Man muß sie nur finden.

Unternehmen. Alle wissenschaftlich wertvollen Funde, dazu gehören Saurier, Fische, Krebse, Tintenfische, Seelilien und Pflanzen, müssen in manchen Ländern (Hessen, Baden-Württemberg) gemeldet und nötigenfalls abgeliefert werden. Schon gibt es in Baden-Württemberg eine Verordnung zum Schutz der Versteinerungen von Holzmaden. Danach sind nur noch Ammoniten, Belemniten, Muscheln sowie Fucoiden und Gagat ohne Genehmigung grabbar. Die Politiker und Behörden vertreten diese Verordnung mit dem Argument, »was wohl ein Ichtyosaurier am Kaminsims einer Villa zu suchen habe« und »für diese Art von Schmuck könne auch eine Kopie herhalten«. Trotz aller Begeiste-

Schmelzschuppenfisch aus dem Oberjura.
Im Kalk des Jurameeres starb dieser Fisch als Dokument der Evolution. Fundort: Plattenkalk von Eichstätt, BRD.

Die Ritter und die Judensteine

Von ihren Kreuzzügen ins Heilige Land brachten die Ritter oft versteinerte Seeigel mit nach Hause. Sie glaubten, diese Gebilde, die »Judensteine«, »syrische Steine« oder »Stab des heiligen Paulus« genannt wurden, hätten heilende Wirkung auf Blasen- und Nierensteine.
Erwähnt von Wolfram 791 im Parzival.

rung und Freude am Fossiliensammeln – ganz so unrecht ist dieses Argument nicht. Es müssen nicht Saurier oder Urpferdchen sein, auch die Suche von Belemniten, Ammoniten, Muscheln und Schnecken bietet ein reichhaltiges Betätigungsfeld. Und es muß auch nicht gerade der fossilienträchtige Holzmadener Schiefer sein. Fast überall auf der Welt gibt es erdgeschichtliche »Tier-« und »Pflanzenfriedhöfe«. Viele davon sind für Sammler frei zugänglich.

Als wahre Paradiese haben sich die Fundstellen des Monte Bolca in Italien bewährt. Sie liefern Unmengen Fische und Fischchen aus dem Eozän. Aus dem Miozän stammen die Funde von Maine-et-Loire in Frankreich, Ammonshörner, die Schicksalsgenossen der Dinosaurier, sind im Lias von Lyme Regis in England, in der Schwäbischen und Fränkischen Alb in Deutschland sowie im Jura von Calvados in Frankreich zu finden. Versteinerte Bäume warten in den Wüsten von Arizona auf Sammler. Im Miozän von Malta lagern Seeigel. Selbst die Niederlande besitzen einen bedeutenden Fundort bei Maastricht für das versteinerte Leben aus der Oberkreide. Ein geradezu unerschöpfliches Reservoir an Fossilienfundarten gibt es in den nordafrikanischen Staaten Marokko, Algerien und Tunesien. Eingerollte Trilobiten wurden im US-Staat Ohio gefunden, Cephalopoden im Trias von Hallstatt in Österreich. Verkieselte Weiden birgt das Tertiärgestein im US-Staat Washington. An manchen Stellen braucht sich der Sammler nur zu bücken, um die Altertümer der Erdgeschichte aufzulesen. Reste von Korallenriffen zum Beispiel liegen zuhauf am Spülsaum der jugoslawischen Küste. Zwei Eigenschaften allerdings muß ein Fossiliensammler oder Hobby-Paläontologe für die Suche mitbringen: Geduld und Begeisterung, auch für die unbedeutenden Zeugen der Erdvergangenheit.

Adamin, ein Zinkarsenat.
Die Rosette wuchs auf Limonit in der Oxidationszone von Mapimi, Durango, Mexiko. 25 x 14 mm.

Bernstein – schon bei den Römern begehrt.
Das fossile Harz von der Ostsee kam über eigene Handelsstraßen nach Italien.

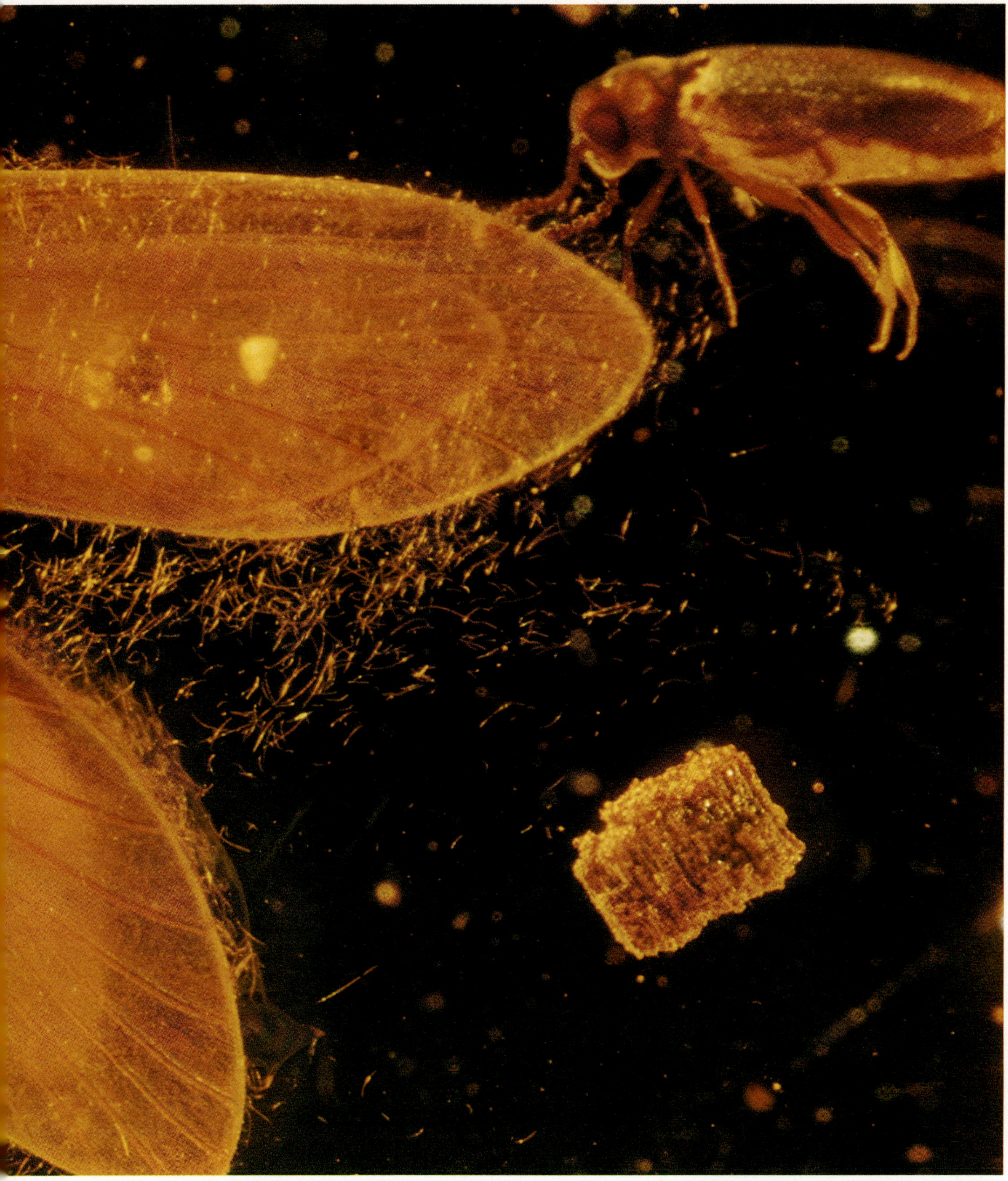

Die Form der Igel ist zufällig. ▷
Nadelige Kristalle von Artinit, einem Magnesium-Carbonat. San Benito Co., Californien, USA – 18 x 28 mm.

Gestricktes Gold.
Die treffende Bezeichnung steht für diese verwachsene Kristallisationsart des edlen Metalls. Brad, Siebenbürgen, Rumänien – 28 x 35 mm.

Topaskristalle sind gesucht. Die herrlich gefärbten Kristalle werden oft zu wertvollem Schmuck verarbeitet. Thomas Mts., Utah, USA – 48 x 34 mm (oben).

Ein Skalenoeder von Calcit. Diese Form entwickelt sich besonders schön in großen Hohlräumen. Kander, Schweiz – 40 x 48 mm.

Fluorit aus Weardale in Großbritannien.
Manche Kristalle leuchten bei der Draufsicht blau, beim Hindurchsehen rosa. 64 x 110 mm.

Einst schwarzer Antimonit – jetzt weißer Stibiconit.
Die Pseudomorphose eines Kristalls: das nadelige Arsensulfid wurde zum Stibiconit. Catorse, Mexiko – 25 x 41 mm.

Magnetit – ein magnetisches Eisenoxid.
Selten wachsen Magnetite so schön wie auf dieser Stufe aus den Klüften des Binntals, Schweiz. 12 x 17 mm (oben).

Diese Stufe bringt den Geigerzähler zum Rasen.
Becquerelit aus den Urangruben von Shaba ist radioaktiv. Zaïre – 11 x 14 mm.

Azurit, ein Kupfermineral. ▷
Die leuchtend blau und blauschwarz glänzenden Kristalle wurden in Tsumeb, SWA/Namibia, in bis zu zwanzig Zentimeter Größe gefunden. 9 x 14 mm.

Kristall auf Kristallen.
Der Eosphorit auf Rosenquarz aus Aracuai, Minas Gerais, Brasilien, wurde auf der ganzen Welt berühmt. 34 x 28 mm.

Tetraedrit – in seiner häufigsten Kristallform.
Das nach dem Tetraeder benannte Mineral wächst in herrlichen Stufen. Grube Georg bei Horhausen, BRD – 12 x 10 mm.

KEIN LEBEN OHNE KRISTALLE.

Sie existieren nicht nur in den Klüften der Gebirge. Kristalle gehören als unverzichtbarer Bestandteil zum Lebendigen. Als Biomineralien erfüllen sie wichtige Funktionen.

Das Leben zu erklären oder die Entstehung des Lebens zu deuten, hängt mit der Schwierigkeit zusammen, das Leben zu definieren. Erweitert man den Begriff Leben, dann sind die Unterschiede zwischen dem Unbelebten und dem Belebten gar nicht mehr so groß. Verengen wir ihn, dann reißen wir einen Abgrund zwischen Lebendigem und Leblosem auf, und so müssen schließlich die Tatsachen der Naturwissenschaft dem Begriff Leben Grenzen oder eine gewisse Grenzenlosigkeit geben.

Je tiefer wir in der Hierarchie der Lebewesen hinuntersteigen, um so näher rückt die brennende Frage, ob es einen Übergang vom Anorganischen, also vom Unbelebten, zum Organischen, also zum Belebten, gibt. Existiert ein »missing link« und ein allerprimitivstes Urlebewesen? Es ist dies die Frage nach der Entstehung des Lebens überhaupt oder auch die Frage nach der künstlichen Erzeugung von Lebewesen. Früher vereinfachte sich das Problem, indem einfach angenommen wurde, daß durch Urzeugung alle möglichen Tiere entstünden, Aale und Frösche aus dem Meerschlamm, Bakterien aus faulendem Material und Flöhe aus Sägespänen. Ein weltberühmter Naturforscher, Huxley, nahm die Urzeugung eines lebendigen Schleims aus dem Meeresboden an und ordnete diesen Schleim den Amöben zu. Immer wieder behaupten noch heute Forscher, Bakterien aus anorganischem Material produziert zu haben, eine Behauptung, die nur von den jeweiligen Forschern bestätigt werden konnte.

Ist das »missing link«, das fehlende Bindeglied zwischen unbelebter und belebter Materie, bei den Kristallen zu suchen?

Denn nicht nur die festen Gesteine und Metalle sind aus einzelnen, oft verschiedenartigen Kristallen zusammengesetzt, auch die Böden, ob Acker oder Meeresstrand, bestehen aus verschiedenen winzigen Kristallen. Sogar der wenig kristallartig erscheinende Ton setzt sich aus außerordentlich feinen, blättchenartigen Kristallkomponenten zusammen.

Vor ungefähr 50 Jahren wußte man kaum etwas über die Bestandteile des Tons, denn Tonkristalle sind so klein, daß man sie weder mit dem bloßen Auge noch mit dem Lichtmikroskop zu sehen bekommt. Heute geben uns das Elektronenmikroskop und die Beugung von Röntgen- und Elektronenstrahlen Auskunft über die Tonminerale, und wir wissen, daß sie aus äußerst feinen Silikatmineralien bestehen.

Es scheint, als sollte die Bibel doch recht behalten. Im 2. Kapitel Genesis heißt es: »Und Gott der Herr machte den Menschen aus einem Tonerde-Kloß.« Auf dem viertägigen Weltkongreß der Bio-

An der Entstehung des Lebens beteiligt: die Tonmineralien.

Wissenschaftler Ende Juni 1980 in Jerusalem berichtete Professor Pächt Horowitz vom Weizmann-Institut in Rehovot, daß sich die Grundbausteine des Lebens – das sind Riesenmoleküle aus Proteinkristallen, sog. Polymere – unter Urweltbedingungen viel leichter bilden, wenn sie auf Tonerde fallen. Tonminerale entstehen, wenn Gesteine verwittern. Seit zehntausend Jahren dient der Ton dem Menschen als Werkstoff, denn er ist plastisch und wird beim Brennen hart. Man kann ihn also leicht bearbeiten und ihm eine dauerhafte Form geben. Wird weißer Ton bei hohen Temperaturen gebrannt, so erhält man Porzellan. Große Mengen eines bestimmten Tonminerals, des Kaolins, gehen als Füllstoff in die Papierindustrie. Eine Tonne des Papiers, auf dem dieses

Azurit mit Malachit. Signal für die Erzprospektoren bei der Suche nach Kupfervorkommen. Die Kristalle bilden sich oberflächennah. Peru – 14x14mm.

Kugelkristalle von Pyrit. Keine Einzelkristalle, sondern nadelförmige Kristallite, die vom Mittelpunkt nach außen wuchsen. Rumänien – 7x10mm (oben).

Buch gedruckt ist, enthält ungefähr 300 kg Kaolin. Ohne diesen Zusatz wäre das Papier viel durchsichtiger und würde soviel Druckerschwärze aufsaugen, daß man keine Abbildungen drucken könnte.

Möglicherweise haben die Absorptionseigenschaften einiger Tone bei der Entstehung des Lebens eine entscheidende Rolle gespielt. Für alle Lebensvorgänge sind Eiweißstoffe (Proteine) wichtig, große, kettenförmige Moleküle, die aus kleinen, untereinander verknüpften Bausteinen, den sog. Aminosäuren, bestehen. Die heute existierenden Lebewesen verfügen über eine komplizierte chemische Maschinerie, die dafür sorgt, daß die Aminosäuren immer in richtiger Reihenfolge aneinander gehängt werden. Haben unter den primitiveren Bedingungen der urzeitlichen Erde die Tone diese Maschinerie vertreten, indem sie die Aminosäuren aufnahmen und auf diese Weise zu einfachen Proteinen zusammenführten? Konnte die Bildung von Eiweißmakromolekülen auf der primitiven Erde durch Gewitter oder durch das Sonnenlicht ähnlich indirekt angetrieben werden wie wir unsere eigenen Lebensvorgänge indirekt durch die Sonnenenergie antreiben lassen, wenn wir Zucker essen, den die Pflanzen aus Wasser und Kohlendioxid produzieren?

Realgar auf Colemanit. Kristalle wachsen oft auf völlig anderen Mineralien. Realgar ist ein Arsensulfid, Colemanit ein Kalziumborat. Emet, Türkei – 13 x 20 mm.

Szepterquarz – eine besondere Wachstumsform. Mehrere Ursachen können für diese eigenartige Entwicklung verantwortlich sein. Brasilien – 25 x 19 mm (oben).

Wie die weiße Sau das Salz von Lüneburg entdeckte

Vor achthundert Jahren war um Lüneburg noch eitel Wald und Morast, da geschah es, daß ein Jäger einer wilden Sau nachging, die sühlte sich so recht nach Herzenslust im Schlamm, und legte sich dann auf eine trokkene Stelle und schlief, und wie die Sonne so recht auf die Sau schien, da gewannen deren schwarzbraune Borsten

gar eine schöne weiße Farbe. Das nahm der Jäger Wunder, und tötete die Sau, und da fand er, daß eitel gutes reines Salz an den Borsten krystallisiert war, von einer herrlich gesättigten Soole. Dadurch wurde das ergiebige berühmte Salzwerk zu Lüneburg zuerst entdeckt und es wurde von selbiger Sau etwa ein Schinken nicht gegessen, sondern zum ewigen Andenken in eines hochweisen Rathes Küchenstube zu Lüneburg aufbewahrt, mit lateinischen Versen und in einem gläsernen Kasten. Auch die Haut mit ihren candirten Borsten ward aufbehalten.
Aus Bechsteins Sagenbuch von 1853.

Israelische Bio-Wissenschaftler haben versucht, diese Frage durch das Experiment zu beantworten: Tonminerale wurden mit einem kleinen Volumen einer Lösung versetzt, die Aminosäuren enthielt und dann erhitzt. In Parallelversuchen ersetzte man den Ton durch andere feste Stoffe, die nicht in der Lage sind, Aminosäuren zu absorbieren. In allen Versuchen bildeten sich kleine Proteinmoleküle, aber ihre Menge war bei weitem am größten, wenn das reagierende Gemisch Ton enthielt.

Der englische Biochemiker J. W. S. Haldane hat wohl als erster erkannt, daß eine Sauerstoff-freie Atmosphäre eine Voraussetzung dafür war, daß sich aus toter Materie Leben entwickeln konnte. Ohne Sauerstoff gab es auch die Ozonschicht in großer Höhe nicht, die heute den größten Teil der von der Sonne kommenden ultravioletten Strahlungen absorbiert. Diese Strahlung erreichte damals vielmehr die Oberfläche des jungfräulichen Planeten und brachte die Energie mit, die erforderlich ist, damit sich aus einfachen Molekülen wie Wasser, Kohlendioxid und Ammoniak die komplizierteren organischen Moleküle bilden können, mit denen Leben erst möglich wird. In Abwesenheit freien Sauerstoffs waren diese Moleküle beständig und konnten sich in den Ozeanen ansammeln, bis diese, so Haldane, »die Konsistenz einer heißen, verdünnten Suppe erreichten«.

Immer mehr verwischen sich die Grenzen der belebten und unbelebten Welt. Und Kristallines findet sich auch im Organischen. Die Lebewesen nämlich und auch wir selber bestehen z. T. aus anorganischen Kristallen, ohne die nicht auszukommen wäre, da durch ihre Einlagerung weiches organisches Material gehärtet wird. Aber nicht nur anorganische Substanzen treten kristallisiert auf, auch die meisten festen Stoffe der organischen Chemie sind kristallin. Da sind die deutlichen Kristalle des Zuckers, und selbst Eiweiße, Vitamine und Viren erscheinen mehr oder weniger deutlich kristallisiert. Fast alle Substanzen, die wir als fest zu bezeichnen pflegen, sind kristallin.

Es gibt eine Gruppe von Kristallen, die kaum einen Sammler begeistern und die nicht einmal in mineralogischen Lehrbüchern Erwähnung findet. Wer solche Kristalle besitzt, will sie möglichst rasch wieder loswerden. Gemeint sind Nierensteine, Harnleitersteine, Blasensteine und Gallensteine,. sog. pathologische Hartteile des

Im Zahnschmelz und Knochen: Kristalle. Die Biomineralien.

Ätzgrübchen und Wachstumserscheinungen.
Im Mikroskop offenbart der Diamant seine typische Oberflächenbeschaffenheit. Südafrika – 3 x 2 mm.

Jodargyrit – ein lichtempfindliches Mineral.
Solche Silberverbindungen bilden die Schichten von Filmen und Fotopapier. Dernbach, BRD – 4x4mm.

Tansanit, die schönsten Kristalle von Zoisit.
Aber auch die farblosen Zoisite werden Edelsteine – im Brennofen. Tansania – 60x60mm.

lebenden Organismus. Ebenso wie Zähne, Muschelschalen, Perlen und Knochen bestehen diese Steine aus Kristallen, und zwar aus Biokristallen.

In unserem größten »Mineraldepot«, den stützenden Knochen, sind Kalksalze eingelagert, Kristalle, deren Studium nur mit einer ganz bestimmten Technik möglich war. Um diesen anorganischen Stoff in Knochen kennenzulernen, genügen nicht einfache chemische Analysen, sondern die Kristallart muß bestimmt werden. Da die eingelagerten Kriställchen außerordentlich klein sind und mit einem gewöhnlichen Mikroskop nicht gesehen werden können, vermögen nur noch Röntgenstrahlen zu klären.

Es zeigte sich, daß das sog. Calcium im Knochen in Wirklichkeit Hydroxylapatit ist, eine Kalziumphosphatverbindung, die in kleinsten Kristallen abgelagert ist. Das härteste und stärkste Gewebe im menschlichen Körper ist der Schmelz des Zahnes. Auch dieser besteht zum größten Teil aus Hydroxylapatit. Bekanntlich setzt sich die Hauptmasse des Zahnes aus dem Zahnbein zusammen, das die Röntgenstrahlen im gleichen Maße absorbiert wie die Knochen. Viel härter und weniger röntgenstrahldurchlässig ist aber der Schmelz, der die Zahnkrone als Superhaut gleichsam umkleidet.

Auch in den oft außerordentlich schmerzhaften, krankhaften Steinbildungen, in den Harnsteinen, den Speichel- und Bronchialsteinen, wird neben andern Kristallarten Hydroxylapatit gefunden. Nur in wenigen und ganz bestimmten Stellen des Organismus schlägt sich der »Kalk« nicht als Apatit, sondern als Calcit ab. Es sind dies die Pankreas-Steine und Teile der Gallensteine, die ihrerseits ein kompliziertes Gefüge verschiedener Stoffe, wie Billirubin, Cholesterin, sein können. Calcit tritt normalerweise bei Menschen nur in den Gehörsteinen auf, und zwar in Form von Einkristallen.

Seltsamerweise ist der charakteristische Bestandteil aller Verkalkungen bei den Wirbellosen Calcit, jenes Mineral, das beim Menschen nur ausnahmsweise erscheint. Nur ein wirbelloses Tier kann (nach den vorläufigen Untersuchungen) den Hydroxylapatit der Wirbeltiere bilden. Es ist dies Lingula, eines der ältesten bekannten Tiere, das als lebendiges Fossil

Silberernte mit der Axt

In Schneeberg in Sachsen war der Silberreichtum so groß, daß die Bergleute nur die Grasnarbe aufzuheben brauchten, um die wertvollen Silbervorkommen mit der Axt abzuernten. Auch in Peru wurden solche Silbervorkommen gefunden. Dort »wuchsen« Drähte aus Silber um die Wurzeln von Bäumen und Sträuchern herum.

aus dem Kambrium heute noch lebt. Die anderen Wirbellosen produzieren lediglich Aragonit und Calcit, wie beispielsweise der Hummer und der Krebs, deren Panzerschale aus Calcit besteht. Vielgestaltig ist das Kristallwerk in der Weinbergschnecke, besteht doch die Schneckenschale aus Aragonit, die Winterdecke aus Calcit, ebenso die Eischale, während der Liebespfeil wiederum Aragonit enthält.

Alle diese Kristalle sind auch am Werden und Vergehen der Gesteine beteiligt. Calcit ist der wesentliche Bestandteil, der die Gebirge aus Marmor und anderen Kalksteinarten aufbaut. Apatit findet man in großer Menge in den

Bausteine unserer Erde: eine Handvoll einfachster Minerale.

Eisenerzlagerstätten Skandinaviens, die zu den großen Erzvorkommen unserer Erde gehören. In der Bilanz der Mineralien in der Erde stellen Calcit und Apatit allerdings nur einen kleinen Anteil an den Gesteinen des Mantels und der Kruste. Kühlt sich glutflüssiges Magma ab, so entstehen bei Temperaturen, die weit über 1000 Grad Celsius liegen können, zunächst kieselsäurearme Mineralien (mit wenig Siliziumdioxid), z. B. Olivin, ein Magnesium-Eisen-Silikat und Augit, sowie Eisenoxide wie Magnetit. Das restliche Magma wird dadurch immer reicher an Silizium. Erkaltet es, kristallisieren kieselsäurereiche Minerale wie z.B. Feldspäte und Glimmer. Bei noch niedrigeren Temperaturen scheidet sich das restliche Siliziumoxid als Quarz ab. Am Aufbau der so entstandenen Gesteine sind nur wenige Mineralien beteiligt, die sogenannten gesteinsbildenden Minerale – in ihrer Mehrzahl Silikate. Sie machen weit über 95 Prozent der Erdkruste und des Erdmantels aus.

Symmetrie von Kristallen

Die Versuche von Hauy zeigen beeindruckend, daß allen Kristallen und deren äußeren Flächen ein symmetrischer innerer Aufbau aus einzelnen kleinen Körperchen, den Elementarzellen, zugrunde liegt.
Nun mußte nur noch ein System gefunden werden, das die Kristalle nach bestimmten äußeren Merkmalen einordbar machte.
Man fand dieses System, indem man die geometrischen Körper der Elementarzellen mit drei, vier oder sieben gedachten Achsen versah, die in bestimmten Winkeln aufeinanderstehen.
Durch Variation der Winkel und der Länge der Achsen erhält man sieben sogenannte Kristallsysteme, in die man alle nur möglichen Kristallformen einordnen kann.
Bei triklinen Feldspäten zum Beispiel stoßen drei verschieden lange Achsen unter schiefen Winkeln (≠ 90°) aufeinander. Triklin wegen der drei (tri) Achsen und schiefen (kline) Winkel. Alle anderen Systeme lassen sich im Prinzip als höhersymmetrische Sonderfälle dieses Kristallsystems auffassen:
Im monoklinen System (monoklin = eins schief) gibt es zwei rechte Winkel und einen schiefen Winkel zwischen den noch immer verschieden langen Achsen.
Im rhombischen bzw. orthorhombischen System messen alle Winkel 90° bei verschieden langen Achsen.
Für das hexagonale und trigonale System benötigt man sechs beziehungsweise drei Achsen, die gleich lang sind und sich unter 60° bzw. 120° treffen.
Darauf senkrecht steht eine siebte, bzw. vierte Achse von anderer Länge.

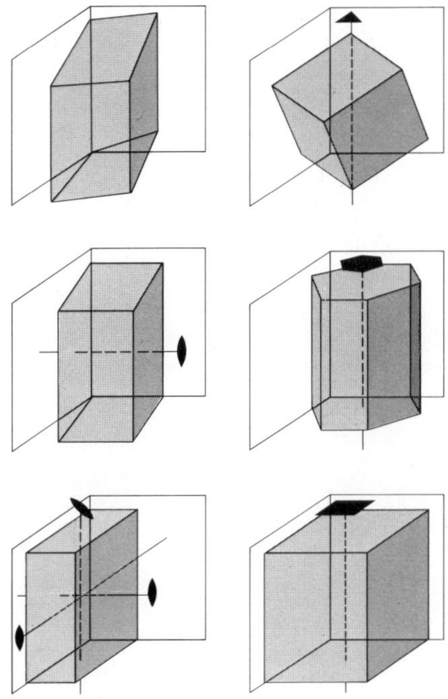

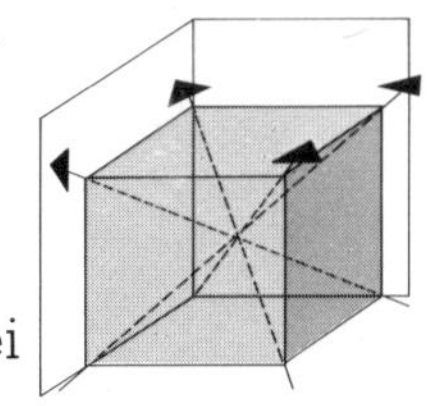

Ein weiteres System ist das tetragonale, bei dem widerum alle Winkel 90° messen. Zwei Achsen sind gleichlang, die dritte ist kürzer oder länger.
Das höchstsymmetrische System ist schließlich das kubische, in dem alle Achsen gleich lang sind und im rechten Winkel aufeinander stehen. Die typischen Kristallformen des kubischen Systems sind Würfel, Oktaeder, Tetraeder und das vom Pyrit her so bekannte Pentagondodekaeder.
Diese sieben Kristallsysteme erlauben es nicht nur, alle Kristalle nach ihrer inneren Ordnung zu klassifizieren, sondern alle auftretenden Flächen im dreidimensionalen Raum können durch die Achsenabschnitte eindeutig beschrieben werden.

Auf die restlichen der fast 3 000 Mineralien entfällt also nur ein verschwindend geringer Prozentsatz.

Trotzdem – oder vielleicht gerade deshalb (?) – spielen diese knapperen Mineralien auf der Erde eine entscheidende Rolle. Ob als Rohstoff für Kunstdünger oder Stahl, Aluminium oder Buntmetall, Salz oder Energie, Edelsteine oder Industriediamanten – sie waren und sind maßgeblich für den Aufbau und die Entwicklung des Lebens. Sie waren Anlaß für Völkerwanderungen und Kreuzzüge. Sie entfesselten Kriege und werden auch in Zukunft der Schlüssel für politische und wirtschaftliche Machtverteilung auf der Erde sein. Anders als die Silikate sind die nicht gesteinsbildenden Mineralien nur punktuell auf der Erde verteilt. Allerdings treten sie dann manchmal massiv auf, so daß ihre Förderung wirtschaftlich wird. Diese Lagerstätten wurden bei verschiedenen geologischen Prozessen gebildet.

Als z. B. das glutflüssige Magma erstarrte, kristallisierten Silikate und Magnetit aus. Das Eisenoxid Magnetit hat ein schwereres Eigengewicht als die Silikatschmelze und sank deshalb auf den Boden der Magmakammer ab. Die Größe von so gebildeten Lagerstätten schwankt zwischen wenigen Kubikmetern und vielen Kubikkilometern. So entstanden z. B. die Nikkellagerstätten im Gebiet von Sudbury in Kanada. Das Magma teilte sich dort schon im glutflüssigen Zustand in eine Sulfid- und eine Silikatschmelze.

Eine andere Art der Lagerstätten bildete sich aus dem gasförmigen Zustand der Materie. In einer unterirdischen Kammer reagierten diese Gase mit den bereits vorhandenen Mineralien und bildeten aus dem Granit Erze, z. B. den Zinnstein. Auf diese Weise entstand im US-Staat Colorado der Welt größtes Molybdänvorkommen. Die »Climax-Mine« fördert fast 80 Prozent des heutigen Bedarfs an diesem Metall.

In den Sedimentgesteinen entstand eine dritte Lagerstättenart: die Seifen. Bei der Verwitterung der Muttergesteine blieben besonders harte und widerstandsfähige Mineralien erhalten, während die anderen auf dem Weg zur Lagerstätte zerstört und zermahlen wurden. Wind und Wasser zerrieben das Geröll zu feinen Sanden und Kieseln, transportierten diese mitsamt den beständigen Kristallen in die Ebenen. Dort wurden sie als Sediment abgelagert. Sie bestehen zum großen Teil aus Quarziten, Geröll-Konglomeraten und Schiefern. In ihnen eingelagert, je nach Gehalt des Muttergesteins, sind zum Beispiel Gold und Platin. Berühmte Fundorte von Gold sind die Seifen von Klondike in Alaska, Witwatersrand in Südafrika und im Bereich des Ural. Sedimente enthalten auch Diamanten, wie in Namibia und Venezuela. Rubine, Saphire, Spinelle und Granate lagern in Indien, Sri Lanka und Burma. Während man bislang riesige Flußtäler im Tagebau durchsuchte, stehen heute geophysikalische Meßmethoden zur Ortung der Kristalle zur Verfügung.

Andere sedimentäre Lagerstätten entstanden vor 250 Millio-

Kristalle von Pyroxen.
Nur selten formt das gesteinsbildende Mineral solche Stufen aus. Mt. St. Hilaire, Kanada – 15 x 25 mm.

nen Jahren durch Verdampfen von Meerwasser in abgeschlossenen Lagunen. Im Zechstein, der jüngeren Periode des Perm, bildeten sich in Europa mehrere hundert Meter dicke Ablagerungen von Kalium- und Natriumsalzen. So stammen die heute für die Endablagerung von Atommüll umstrittenen Salzstöcke von Gorleben in Niedersachsen aus solchen Lagerstätten.

Die Zeitrechnung der Bibel umfaßte 5700 Jahre für die gesamte Geschichte der Erde und des Lebens. Heute glaubt die Wissenschaft, vier oder sogar fünf Milliarden Jahre übersehen zu können, die der Gegenwart vorausgegangen sind. Die Begriffe und Zahlen

Die Wissenschaft beweist: Die Erde ist 4,6 Milliarden Jahre alt.

der gegenwärtigen absoluten Chronik zerstören nicht die Ehrfurcht vor der Größe der Welt, sondern verstärken sie. Unsere Vorstellungskraft und Phantasie sind gegenüber dem tatsächlichen Geschehen bisher immer noch zurückgeblieben. Das Ringen um eine absolute Chronik, um eine gesicherte und objektive Altersbestimmung der Erde und des Lebens, ist ein dramatischer Teil in der Geschichte des Wissens. Es sollte zu beispiellosen Ergebnissen führen, die unser Weltbild schärfer, leuchtender, aber auch tiefgründiger machten.

Der Mensch hatte in seiner langen Geschichte zahlreiche Geräte zum Messen der Zeit gebaut. Darin rann entweder Wasser oder Sand langsam zu Boden, oder fallende Gewichte, auch zusammengepreßtes Eisen – das sich allmählich entspannte – versetzte Räder in Drehung. Die Bewegungen dieser Vorrichtungen sollten dem Lauf der Sonne folgen. Alles was hinter dem Menschen lag, das vergangene Geschehen, wurde nach Ablauf und der Menge von Einzelbewegungen dieser Geräte gezählt.

Zeit ist keine unbekannte Größe mehr. Mit der Uhr wird sie

Lasurstein ist kein Kristall.
Der Lapislazuli wurde in Afghanistan schon vor über 4000 Jahren abgebaut. Er war als Schmuckstein begehrt. 110x100 mm.

Ein Tisch aus Silber

Der Silberreichtum des Erzgebirges war im Mittelalter riesig. 1477 stießen Bergleute auf einen Silberbrocken, der etwa 20 Tonnen wog. Sofort nach dem Fund wurde in der Grube aus dem gediegenen Metall ein Tisch geformt. Herzog Albert von Sachsen rückte mit seinen Begleitern an und veranstaltete in dem Bergwerk ein großes Festgelage. Im weinseligen Zustand soll er gerufen haben: »Kaiser Friedrich ist reich und mächtig, aber einen solchen Tisch hat er nicht.«
Nach einer zeitgenössischen Chronik.

Grossular, ein grüner Granat aus Rumänien.
Früher ein begehrter Edelstein – heute sind die Vorkommen erschöpft. Banat – 9x13 mm.

Calcit ist das formenreichste Mineral. ▷
Tafelig ausgebildete Kristalle werden Blätterspat genannt. Fundort: St. Andreasberg im Harz – 76x120 mm.

Nambulit, ein erst kürzlich neuentdecktes Mineral.
Es wird nur in Japan und in Namibia gefunden. Kombat – 20 x 16 mm.

Hahnenkamm-Markasit – eine Ausbildung des Eisensulfids.
Eine treffende Bezeichnung für diese Mineralstufe. Grube Christian Levin, Essen – 30 x 35 mm.

Eisenblüte – so heißt dieser Aragonit.
Die korallenähnliche Form findet man am steirischen Erzberg in Österreich. 90 x 110 mm.

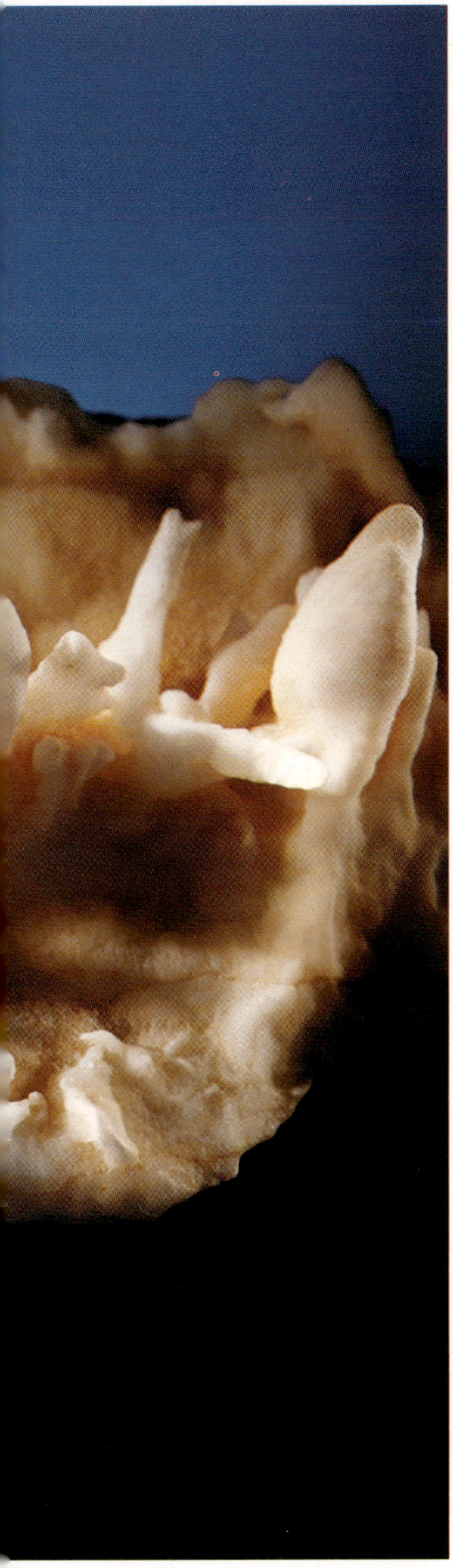

Gips-Rosetten bilden sich im Grundwasser.
Riesige Lagerstätten dieses Minerals birgt die algerische Sahara. 100 x 55 mm.

Klinochlor – aus der Metamorphose der Gesteine.
Solch schöne Kristalle sind ausschließlich in den Alpen zu finden. Zermatt, Schweiz – 6 x 4 mm.

überschaubar gegliedert. In Jahre, Tage und Stunden. Die Zeit wird zur mathematischen Zahl.

Weil wir keinen Natursinn für Zeiten, Zahlen und Zeitmaße besitzen, müssen wir ihnen einen Inhalt geben. Die Chronologie der Erdgeschichte über Jahrtausende und Jahrmillionen ist, wie das astronomische Maß der Lichtjahre, ein Gerüst, das das Werden von Erde und Leben ordnet. Der wissenshungrige Mensch will nicht nur den historischen Ablauf des Lebens auf der Erde erkennen, sondern er möchte auch die Geschwindigkeit und die Dauer der erdgeschichtlichen Ereignisse durchdringen und damit auch eine Chronik der Lebenserscheinungen mit sicheren Zeitrechnungen erhalten. Erst dann können ihm die Geheimnisse der Lebensentfaltung auf dem Planeten zum anschaulichen Bilde werden.

Der Silberschatz im Töpferofen

Wo heute das Dorf Altenberg steht, war in alten Zeiten ein Wald. In diesem stand ein einsames Häuslein, und darin hauste ein einsamer Töpfer. Der drehte Töpfe und brachte sie auf einen Markt. Eines Abends geschah es, daß ein Kaufmann an die einsame Hütte klopfte. Er kam aus Wien und wollte nach Prag reiten, hatte sich aber im Walde verirrt. Der Töpfer nahm ihn gastfreundlich auf, stellte das Pferd neben der Kuh ein und schmorte Eier im Schmalz. Wie sie beim schmackhaften Gerichte beisammen saßen und sich unterhielten, erzählte der Töpfer, daß ihm viele Töpfe im Ofen zerfallen und zeigte Scherben von den zersprungenen Geschirren. Da sah der Fremde, daß

es darin glitzerte und dachte, das ist ja Silber. Am nächsten Morgen steckte er einige Scherbenstücke zu sich und ritt fort. Bald kam er mit seinem Bruder zurück. Sie kauften des Töpfers Brennofen, und als sie ihn einrissen, fanden sie das schönste Silber armdick, wie es durch die Ritzen zusammengeronnen war. Sie eröffneten ein Bergwerk und erbauten auf dem Hügel an der Igla ein Kirchlein – die Johanniskirche. Darunter siedelten sich die Bergleute an, und so entstand Iglau.

Nacherzählt aus den Iglauer Chroniken.

Die Leitfossilien zeigten zwar untere und obere, ältere oder jüngere Schichten an – sie konnten aber nicht die Zeit angeben, in der eine Umbildung sich vollzogen hatte. So war es wohl möglich, Formationsgruppen zu unterscheiden, periodische Abschnitte der Erdgeschichte, man konnte die Seiten des monumentalen Buches zählen. Doch niemand vermochte mit Sicherheit zu sagen, wann die Seiten geschrieben worden waren und wie lange es gedauert haben mochte, bis eine Seite vollendet war.

Fünf Jahre vor der Jahrhundertwende wurde eine neue Naturwissenschaft geboren, die Zeiten exakt bestimmen konnte: Nachdem Wilhelm Konrad Röntgen sich 1895 in Würzburg darüber geärgert hatte, daß teure fotografische Platten ohne ersichtlichen Grund verschleiert und unbrauchbar wurden und bei der Suche nach den Ursachen dieses Laborunfalls die »Röntgenstrahlen« entdeckt hatte, forschte der 44jährige Professor Henri Antoine Becquerel im Laboratorium der »École Polytechnique« in Paris nach Substanzen, die vielleicht etwas ähnliches bewirken könnten wie die Röntgenstrahlen seines deutschen Kollegen.

Im Februar 1896 setzte er sein künstlich gewonnenes Kaliumuranylsulfat dem Sonnenlicht aus. Es fluoreszierte kräftig und schwärzte durch absolut lichtdichtes Papier hindurch eine fotografische Platte. Das strahlend zerfallende Uran brachte ihm sieben Jahre später den Nobelpreis ein und erschütterte ein halbes Jahrhundert danach, als willentlich hervorgerufene atomare Energie-Explosion, die Erde und die Zivilisation.

Zwei Jahre nach Becquerels Versuch fand das Ehepaar Pierre und Marie Curie in der Pechblende einen Stoff, der um ein Mehrfaches stärker strahlte als das metallische Uran. Marie Curie taufte diese strahlende Kraft Radioaktivität. Den Stoff, den sie aus der Uranpechblende isoliert hatte, nannte sie »Radium« – das Strahlende. Die Curies stellten die Physiker vor die Frage, ob vielleicht die Radioaktivität des Radiums aus dessen

Krokoit – ein Salz der Chromsäure.
Von der Insel Tasmanien kommt dieses seltene und farbenprächtige Mineral. 23 x 35 mm.

Umgebung stamme, die Atome also nur eine Energie umwandeln, die sie empfangen, oder ob der Energievorrat nicht allein im strahlenden Radium-Atom vorhanden ist.

Die zweite Curie-Hypothese war die richtige: Die Aktivität des Radiums ist keine geliehene Eigenschaft, sondern sie besteht ununterbrochen, seit das Mineral in der Erde entstanden ist. Der strahlende Zerfall geht auch unabänderlich vor sich. Von äußeren Bedingungen physikalischer oder chemischer Natur war er nicht zu beeinflussen.

Mit dieser Entdeckung, die so plötzlich und steil auf die schwindelnden Grade der Naturerkenntnis führte, war sieben Jahre vor Einsteins spezieller Relativitätstheorie, dreizehn Jahre vor Ernest Rutherfords Atomkernen, siebenundzwanzig Jahre vor Werner Heisenbergs mathematischer Theorie der Atomphänomene und vierzig Jahre vor der Spaltung von Urankernen durch Otto Hahn eine Urkraft des Weltalls gefunden. Die Strahlen, die den Zerfall der Elemente anzeigten, ließen sich auffangen. Der Zerfall vollzog sich auch so regelmäßig, daß keine Menschenuhr diesem Pendelschlag und diesem Gang der pochenden Unruhe auch nur nahekommen konnte. Man lernte die Zeiten kennen, in der eine bestimmte Menge eines radioaktiven Elements zur Hälfte zerfiel, in der sich also die Hälfte der Atome in ein neues Element verwandelt hatte. Für diese Zeit schuf man den Begriff der »Halbwertzeit«. Die Halbwertzeiten waren für jedes radioaktive Element verschieden; für Uran 4,5 Milliarden Jahre, für Radium 1 580 Jahre, für radioaktiven Kohlenstoff 5 730 Jahre, für Mesothorium nur 6,7 Jahre. Man horchte auf die Strahlungsuhr in den Steinen, und sie schlug ungeheuerliche Weltstunden an, während die Versteinerungen vergangener Organismen bisher nur aussagen konnten, ob sie älter oder jünger waren als eine andere Versteinerung.

Das Maß absoluter Zeitbestimmung. Die radioaktive Uhr.

Becquerels und Curies Entdeckung der bisher unbekannten Strahlungsenergie war so folgenschwer und umwälzend wie die Erkenntnis, daß Sonne und Planeten nur Staubkörner in dem von Sonnen und Milchstraßen-Weltinseln erfüllten Kosmos sind. Die Erforschung der Radioaktivität wandelte darüber hinaus auch das Bild vom Weltenraum und von der Erde grundlegend um. Eine neue Kosmologie, eine neue Ansicht vom Aufbau der Welt begann sich abzuzeichnen.

In aller Stille nämlich hatte Otto Hahn neue radioaktive Ele-

Cyanotrichit – das blaue Wunder aus Rumänien.
Das Kupfersamterz ist ein seltenes Mineral. Nur wenige Fundorte sind bisher bekannt geworden. Banat – 8 x 9 mm.

Kämmererit galt lange als sehr seltenes Mineral.
Doch 1976 wurden große Mengen der Kristalle in der Türkei gefunden. 18 x 13 mm (oben).

mente entdeckt und radioaktive Verfahren für geologische Altersbestimmungen ausgearbeitet. Im Ausland war das Interesse dafür stark gewachsen. Die Begierde zu wissen, wie alt bestimmte Gesteine und die Fossilien in ihnen waren, vor wieviel Jahren erstes Leben auf Erden erschienen war, erregte die Gemüter. Die relative Bestimmung des Alters einer Gesteinsschicht genügte nicht mehr. Die lebendige Anschauung verlangte danach, mit absoluten Zeitmaßen, in Jahren ausgedrückt, rechnen zu können. Erst dann wurden die vergangenen Zeiträume einer plastischen Vorstellung zugänglich. Im November des Jahres 1925 machte Hahn seine Hörer in der Akademie der Wissenschaften in Berlin mit verblüffenden wissenschaftlichen Arbeitsmethoden bekannt, die der Erforschung des Planeten Erde und der Lebensgeschichte auf ihm neue Wege öffneten.

Radioaktive Prozesse, so verkündete Otto Hahn, haben einen höheren Grad exakter Beweiskraft als alle bisher angewandten Verfahrensweisen, da Atomkernprozesse von allen äußeren Bedingungen physikalischer oder chemischer Natur völlig unbeeinflußt sind. Zu allen Zeiten, vom Anfang der Erde bis heute, haben sich die radioaktiven Abläufe nach den

Ein Traum der Alchimisten: Elemente verwandeln sich.

gleichen Gesetzen und mit den gleichen Geschwindigkeiten vollzogen. Die Elemente Uran und Thorium in den Uranmineralien und Thoriummineralien zerfallen mit absoluter Regelmäßigkeit. Nach festen Gesetzen, die sich nie verändern, entsteht aus dem Uran das Radium, aus dem Radium die Radiumemanation, nach weiteren stufenweisen Umwandlungsreihen

Synchisit – ein Karbonat mit seltenen Erden.
Die verwachsenen, sehr seltenen Kristalle stammen aus Scherbadung in der Schweiz. 3 x 3,5 mm.

Skutterudit – ein Kobalt-Nickel-Arsenid.
Das Erz gehört zu den häufigsten und wichtigsten Kobalt-Nickel-Mineralien. Schneeberg, Sachsen, DDR – 20 x 23 mm (oben).

endlich das Blei, das chemisch vom gewöhnlichen Blei nicht zu unterscheiden ist, sowie Helium.

Diese Uhr war von dem Augenblick der Kristallisation an in Gang gesetzt; sie tickte unerbittlich und in wunderbarem Gleichmaß. Kein Mensch ist imstande, eine Uhr mit solcher Ganggenauigkeit nachzubilden. Fand man in einem Gramm Uranmineral einen Kubikzentimeter Helium, dann waren seit der Bildung des Minerals zehn Millionen Jahre verflossen; das Gestein war ebenso viele Jahre alt. Wies man in einem Gramm Uran fünfzig Kubikzentimeter Helium nach, dann konnte man die Bildungszeit des Minerals auf 500 Millionen Jahre ansetzen.

Ebenso wie das Helium zeigte auch das durch Zerfall entstandene Blei den Zeitablauf an. Je mehr Blei zum Beispiel aus dem Mutterelement Uran entstand, um so länger währte der Zerfallsprozeß, um so älter ist das untersuchte Mineral. Heute sind viele solcher radioaktiven Zerfallsprozesse bekannt. Aus radioaktivem Kalium wird Argon, radioaktives Strontium zerfällt zu Rubidium, aus radioaktivem Kohlenstoff C^{14} wird das nichtradioaktive Kohlenstoffisotop C^{12}.

Diese Arten der physikalischen Umwandlungen werden von Biologen, Medizinern, Geologen, Archäologen und Paläontologen zur absoluten Zeitmessung der verschiedensten Stoffe benutzt. Zum Beispiel messen die Archäologen mit der C^{14}-Methode das exakte Alter von Resten vergangener Kulturen.

Die Kalium-Argon-Methode lieferte den Geologen den Beweis, daß das Mondgestein 4,2 Milliarden Jahre alt ist – älter als die ältesten erhaltenen Gesteine der Erdkruste!

Schon lange war bekannt, daß Kalium schwach radioaktiv ist und in Calcium und Argon zerfällt. Nun ist Kalium überall zu finden, im Sand der Meere und auf der Erde, doch gelang es nicht, eine Kalium-Meßmethode zu entwickeln. Erst nach einer entschlossenen Zusammenarbeit, die vier amerikanische Institute mit ihren zahlreichen Mitarbeitern zu einem Team vereinigte, wurde es unter Anwendung von Flammenfotometer, Massenspektograf und Vakuumtiegel möglich, eine Kalium-Chronologie zu entwickeln: eine Sanduhr, die Jahrmilliarden und Jahrmillionen anzeigte und deren Fehlbeträge auf ein erträgliches Maß reduziert werden konnten.

Zurück zum Uran: Heute ist der Begriff »Strahlen« ins Zwielicht geraten. Die Diskussion um die Kernenergie hat in der Öffentlichkeit den Eindruck entstehen lassen, Strahlen seien allein das Produkt einer leichtfertig und übereifrig vorangetriebenen Technologie, Kernspaltung und Radioaktivität seien eine Vergewaltigung der Natur, eine Versuchung – auch das hört man – Gottes.

Tatsache aber ist: Strahlen, auch jene, die der lebenden Materie gefährlich werden können

Annabergit – ein Oxidationserz des Nickels.
Die schönsten Kristalle kommen aus Laurion in Griechenland, einer antiken Silbermine. 3 x 3 mm.

Silberfluß beim Waldbrand in den Pyrenäen

Noch heute erzählen sich die Menschen in den Dörfern der Pyrenäen die Geschichte von einem Waldbrand, bei dem das Metall in Strömen aus dem Boden floß. Wie Wasser plätscherte es über die Felsen dahin. Was damals als Wunder bestaunt und mit Ehrfurcht und Angst beobachtet wurde, erklären Geologen heute mit einfachen Worten: Die Silbervorkommen lagen dicht unter der Erde, und weil der Schmelzpunkt von Silber sehr tief ist, floß das Edelmetall wie Wasser aus der Erde.

Langprismatische Amethystkristalle sind selten.
Fundort dieser wertvollen Stufe ist Guerrero in Mexiko. 60 x 74 mm.

Das wichtigste von drei Titandioxiden ist Rutil. ▷
Der Kristall kommt in vielen Gesteinen vor. Shelby, Lincoln Co., North Carolina, USA – 9 x 14 mm.

(ionisierende Strahlen), sind das Natürlichste von der Welt. Mit ionisierenden Strahlen lebt die Menschheit seit Anbeginn ihrer Existenz. Die Strahlen treffen den menschlichen Organismus von außen und innen. Mit Atemluft, Trinkwasser und Nahrung nimmt der Mensch ständig natürliche radioaktive Stoffe auf, die den Körper von innen bestrahlen. Von außen wirkt ein nicht abreißender Strom irdischer und kosmischer Strahlung.

Eine Bilanz vorweg: Durch natürliche Strahlenquellen werden die Menschen auf der Erde im Durchschnitt mehrere hundert Mal stärker belastet als durch die radioaktiven Abgaben eines intakten Kernkraftwerkes, schließt man einen Unfall oder eine Naturkatastrophe aus. In einigen Regionen der Erde (Indien, Brasilien) liegen

Gyrolith – eine faserige Kugel aus Indien.
In den letzten Jahren kamen immer mehr Kristalle dieses Minerals nach Europa. 42 x 53 mm.

Montmorillonit mit igelförmigem Phillipsit.
Die mikroskopisch kleinen Kristalle ersetzen ein einstiges rundes Kristallgebilde. Kaiserstuhl, BRD – 4x5 mm (oben).

Der Goldfund von Leitmeritz

Früher soll man auf dem Goldberge Gold gefunden haben. Zuerst hat das ein Hirtenjunge entdeckt, der hier sein Vieh hütete und mit seinem Hirtenstecken eines Tages ein paar gelbe, glänzende Drahtstückchen auswühlte. Mit denen schmückte er die Hörner seines Ziegenbocks. Als er abends eintrieb, begegnete ihm die Besitzerin des Ploschkowitzer Schlosses (Anna Franziska, Großherzogin von Toskana). Die bemerkte den Draht, ließ sich alles erzählen und den Ort zeigen und kaufte dem Jungen seinen Fund ab. Weil sich der Draht als pures Gold erwies, ließ sie drei italienische Bergleute kommen, die gruben dort nach. Was sie dort noch gefunden haben, das

weiß man nicht. Sicher ist nur, daß sie alle drei im Berge den Tod fanden, als das Bergwerk eines Tages einstürzte. Seither darf hier niemand nach Gold graben, sonst erscheinen ihm die drei Verunglückten und bringen ihm Unglück.
Nach einer Überlieferung.

die Werte sogar zehn- bis hundertmal über dem Mittelwert. Untersuchungen in einigen dieser Bezirke haben ergeben, daß keine auf die überdurchschnittliche Strahlung zurückzuführende nachteilige Beeinflussung der Bevölkerung ermittelt werden konnte.

An der Tatsache, daß ionisierende Strahlen in hohen Dosen krank machen und töten können, ändert sich nach den vorangegangenen Betrachtungen natürlich nichts.

Das im Jahre 1789 von dem in Berlin lebenden Apotheker und Chemieprofessor Martin Heinrich Klaproth entdeckte Uran ist ein außerordentlich rares Mineral unseres Planeten. Nach einer Hochrechnung der internationalen Atomenergie-Organisation vom Dezember 1978 sind die nachgewiesenen und wahrscheinlichen Reserven der westlichen Welt spätestens im Jahr 2025 aufgebraucht. Zwar ist das Metall mit durchschnittlich 2 Gramm pro Tonne Gestein in der Erdkruste häufiger als etwa Quecksilber oder Gold. Doch erst ab 150 Gramm pro Tonne »Muttergestein« lohnt sich derzeit der Abbau. Den zehnfachen Urangehalt hat der Granit in der Tagebaumine von Pény, ein paar Kilometer von Fanay entfernt. In diesem gewaltigen Steinbruch lagern schätzungsweise 1000 Tonnen Uran. Frankreich verfügt insgesamt über zwei Prozent der westlichen Vorräte. Obwohl es damit rund 70 Prozent seines Eigenbedarfs deckt, rangiert es auf der Weltrangliste der Uran-Mächte ziemlich am Schluß: 40 Prozent gehören den USA, zwanzig Prozent Kanada, 10 Prozent Südafrika, 8 Prozent Australien und 7 Prozent Schweden – die Bundesrepublik kommt nicht einmal auf ein halbes Prozent. Mit Beginn des Atomzeitalters hat sich die Suche nach Uran zu einer Art Schatzsuche entwickelt. Das war besonders in den Jahren zwischen 1945 und 1955 in Nordamerika der Fall. Die Geigerzähler, mit denen das oft unsichtbare Metall aufspürbar wurde, machten die Suche auch für den Laien reizvoll. Die schwarze Uranpechblende ist, wenn sie nicht zu fein verteilt im Erz auftritt, leicht zu erkennen; auch die in leuchtendem Orange, Gelb oder Grün erscheinenden Arsenate, Phosphate oder Vanadate des Urans fallen sehr ins Auge. Eine französische Prospektorenregel besagt, daß die orange-gelben Mineralien nahe, die grünen weit vom primären Erz zu finden sind. Überdies leuchten die meisten der grünen und gelben sogenannten Uranglimmer bei Bestrahlung mit der UV-Lampe auf.

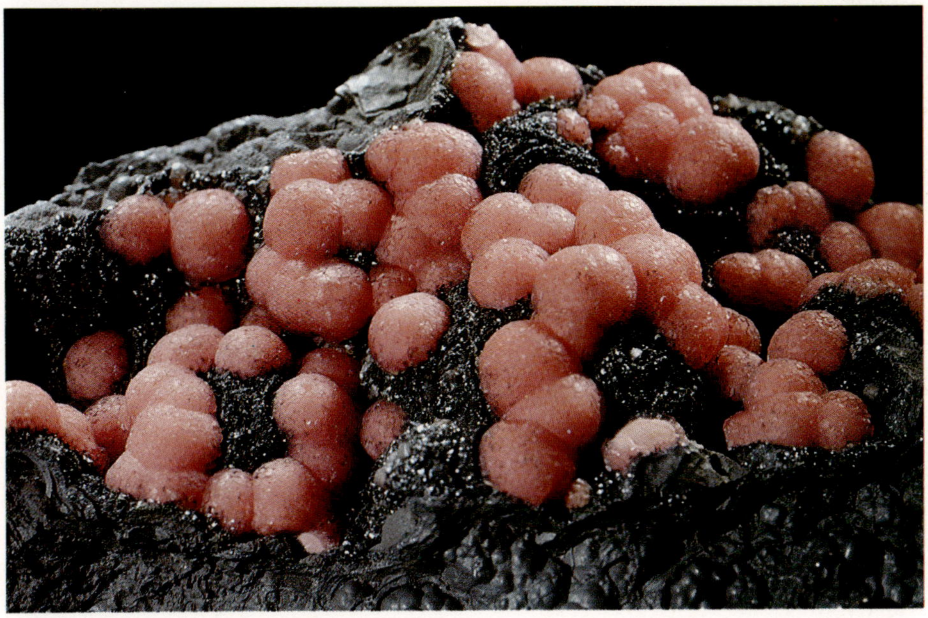

Himbeerspat, Rhodochrosit in Kugelform.
Auch diese Kristallgebilde wachsen radialstrahlig von der Mitte aus zum Rand. Geisenheim, BRD – 33 x 50 mm.

Rubinblende nennen die Bergleute diese rotbraunen Kristalle.
Eine Varietät von Zinkblende. Grube Georg im Westerwald, BRD – 7 x 12 mm.

Wertvoller Edelstein: längsgestreifter Turmalin.
Er kann in den verschiedensten Farben erstrahlen. Seine Form ist unverkennbar typisch.
Brasilien – 40 x 22 mm.

Weltberühmt für schöne Kristallstufen: Binntal.
Anatas, ein Titanoxid, verwachsen mit Hämatit-Rosetten.
Schweiz – 18 x 23 mm.

Fluorit-Oktaeder sind selten. ▷
Sie sind manchmal, wie hier, aus einzelnen kleinen Würfelchen aufgebaut. Steinach, Schwarzwald, BRD – 15 x 24 mm.

Pyromorphit in strahlend grünen Kristallen.
Neue Vorkommen wurden vor wenigen Jahren in Frankreich entdeckt. 27 x 22 mm.

Opale bedeuten Geld.
Auf der Suche nach den schimmernden Opalen leben ganze Familien unter allerprimitivsten Verhältnissen. Queensland, Australien – 55 x 45 mm.

Goethit, Bestandteil des unerwünschten Rostes. ▷
Diese radialstrahligen Aggregate stammen aus Tavistock, Devonshire, England. 22x34mm.

Typisch für Kobaltblüte ist die violette Farbe.
Das Erz, auch Erythrin genannt, entsteht an der Oberfläche von Kobaltlagerstätten. Bou Azzer, Marokko – 18 x 10 mm.

Einst Bleiglanz – jetzt Cerussit.
An der Luft oxidierte das Bleierz zu Bleicarbonat. Das schwere Mineral wird zu Blei verhüttet. Monteponi, Sardinien – 45 x 53 mm.

Pyrolusit, der Braunstein der Chemiker.
Dieses Mineral ist das wichtigste Manganerz. In Horhausen bei Neuwied, BRD, fand man solche Kristalle auf Limonit. 20 x 35 mm.

MENSCHEN UND MINERALIEN. UNTRENNBAR.

Überleben, Reichtum, Macht und technischer Fortschritt, ja sogar Religionen und Kultur sind abhängig von den Schätzen des Bodens. Von den seltenen Kristallen, Mineralien und Metallen.

Wie in der Geschichte des einzelnen Menschen und ganzer Völker, verlieren sich auch für die Geschichte der Mineralogie die Anfänge im grauen Dämmern der Vorzeit. Man kann hier auch gewiß noch nicht von einer »Mineralogie« in unserem Sinne sprechen, wenn auch Anzeichen genug vorliegen, daß aus rein praktischen Gründen das Interesse der Menschen sich sehr bald den Steinen zuwandte.

Die natürliche Sehnsucht des Menschen, die Natur zu erkennen, ihre Geheimnisse zu enthüllen und ihren Reichtum zu seinem Nutzen zu verwenden, war sicherlich einer der Hauptfaktoren, der den Grad der Kultur und Zivilisation vom Beginn der Menschheitsgeschichte bis zur Gegenwart bestimmt. Eine bedeutende Maßgabe für den Grad der Kultur des Menschen war besonders seine Beziehung zur unbelebten Natur, seine Kenntnisse über die Verwendung der Mineralrohstoffe, ihre Bearbeitung und Verarbeitung.

Menschen der Urzeit benutzten den Stein als Werkzeug oder Waffe. Die Ägypter bauten aus rund 20 Millionen Tonnen Stein ein Weltwunder, die Pyramiden. Die Griechen schufen aus Marmor den schönen Körper der Venus. Die Menschen des 20. Jahrhunderts schließlich lernten aus Steinen, Zement und Stahl erdbebenfeste Wolkenkratzer zu bauen. Dies ist jedoch nicht die einzige Beziehung des Menschen zum Stein. Bereits in der Vorzeit entdeckte er auch seinen ästhetischen Wert, er entdeckte seine Kostbarkeit und verarbeitete die Edelsteine zu Schmuckgegenständen, die in der Geschichte so oft ein Symbol für Reichtum und Macht darstellten. Das Wesen der menschlichen Beziehung zu den Mineralien änderte sich also im Laufe der Geschichte nicht wesentlich. Es änderte sich nur das Niveau, auf dem sich seine

Beziehung zum Stein ausdrückt.

Der primitive Mensch, der fast noch auf der Stufe zum Tier stand, hatte keine Geräte, er hatte nicht einmal Kleidung, und seine Bedürfnisse waren gering. Eines der ersten Mineralien, dessen Bedeutung ihm bewußt wurde, war das Steinsalz. Er entdeckte die Steinsalzlagerstätten, als er instinktiv dem Verhalten der Tiere folgte. Die erste engere Berührung mit Mineralien erfolgte in dem Moment, als der Mensch der Altsteinzeit erkannte, daß unter dem mannigfaltigen Angebot an Steinen einige wenige Arten besonders geeignet sind, daraus Werkzeuge zu schlagen, vor allem den berühmten Faustkeil. Schon vor etwa 500 000 Jahren wurde der Feuerstein hierzu bevorzugt verwendet. Damit war der Urmensch zum ersten »Mineralogen« geworden, denn der Feuerstein mußte als solcher erkannt werden, und Plätze seines Vorkommens waren aufzufinden. Von diesem Zeitpunkt an ist die Kenntnis der mineralogischen Rohstoffe aus dem menschlichen Leben nicht mehr wegzudenken. Ihre Gewinnung und Verarbeitung ist ebenso wichtig wie die Beschaffung von Nahrungsmitteln geworden. In der Jungsteinzeit erlangte die Herstellung von Steinwerkzeug ihre höchste Vollendung. Fein bearbeitete, zum Teil polierte Geräte und Waffen aus Feuerstein, Nephrit und anderem Material sind weltweit verbreitet. Aus dieser Zeit kennt man sogar Spuren eines regelrechten Bergbaus auf Feuerstein, wobei das begehrte Mineral im Untertagebetrieb gewonnen wurde.

Steinzeitmenschen gruben Feuersteine. Im ersten Bergwerk.

Der Feuerstein, dessen mineralische Substanz Kieselsäure ist, kommt in unterschiedlichen Farben vor. Sie reichen von weißlichem Grau bis Schwarz und von Honiggelb bis Braun. Die Kieselsäure entstammt im wesentlichen den Nadeln gewisser Schwämme, die vor rund 80 Millionen Jahren am Boden des Oberkreide-Meeres lebten, das Nordeuropa bedeckte. Die einstigen Bewohner dieses Meeres lassen sich gelegentlich schon mit bloßem Auge als organische Überreste im Feuerstein eingebettet beobachten: Skeletteile von Moostierchen, winzige Gehäuse von Foraminiferen, das sind den Amöben verwandte Einzeller, oder gar versteinerte Reste von Seeigeln.

Der Feuerstein sieht zwar hübsch aus, aber vermutlich war die harte Epoche der ersten Zwischeneiszeit nicht dazu angetan, den Neandertaler zum Ästheten werden zu lassen. Er wählte den Stein sicher nicht um seiner schlichten Schönheit willen, sondern aus ganz nüchternen Gründen, nämlich seiner guten Bearbeitbarkeit und Scharfkantigkeit wegen, vor allem aber wohl auch, weil die Natur ihn sozusagen griffbereit vor seine Füße gerollt hatte.

Gediegenes Gold aus Kalifornien.
In Klüften wuchs das Gold auf Stein und Kristallen, hier auf einem Quarzrasen.
Rumänien – 23 x 18 mm.

Farbenspiel von Achat.
In die weniger dichten Partien des Achats können Farbpartikel eindringen und sie intensiv färben.
Idar-Oberstein – 75 x 80 mm.

Gediegen Kupfer mit Calcit. Der Calcit schließt oft das Metall hermetisch ein und bewahrt es so vor Oxidation. Ajo, Arizona, USA – 54 x 29 mm.

Der Feuerstein ist härter als Stahl, aber gleichzeitig spröde, so daß man ihm durch Behauen nahezu jede gewünschte Form geben kann. Feuerstein-Knollen mit Durchmessern bis zu einem Meter finden sich besonders zahlreich in Kalkschichten. In Europa treten solche Kalkschichten heute von Südengland über Frankreich bis nach Polen und in der Tschechoslowakei an einigen Stellen zutage.

Die europäischen Jäger der Altsteinzeit stellten Hacken, Kratzer und andere Werkzeuge aus Feuerstein-Knollen her, die durch Verwitterung des sie umgebenden Kalkgesteins frei geworden waren. In der Jungsteinzeit begannen die Menschen als Bauern zu leben und verwendeten dabei Geräte aus Feuerstein. Schließlich reichten die frei zutage liegenden Feuerstein-Knollen nicht mehr aus, um den Bedarf zu decken, und es entwickelte sich ein regelrechter Bergbau. Aus den Sammlern, die Feuersteine suchten, wurden Grubenarbeiter. Ein Feuerstein-Bergwerk aus der Jungsteinzeit vor ungefähr 5000 Jahren liegt in der Nähe der holländischen Stadt Rijckholt. Es wurde 1881 entdeckt, 1964 von einer Gruppe von Amateur-Archäologen systematisch

Feuerwerk im Stollen

Mit Blitzen und kleinen Explosionen erschreckten Bergleute in einigen Siegerländer Gruben unter Tage ihre ahnungslosen Kumpel. Sie fanden oft haarförmige dünne Kristalle, zum Beispiel Millerit, und steckten sie in Brand. Aufgrund ihrer großen Oberfläche verbrannte die Substanz mit kleinen Blitzen. Mitunter waren die Wände der Gruben mit einem dichten Filz solcher Kristalle überzogen. An dem Feuerwerk, das rund um die Stollenwände lief, hatten sie ihre helle Freude.

freigelegt. Aus der Zahl und Größe der untersuchten Stollen ergibt sich, daß hier im Laufe der Zeit rund 41 250 Kubikmeter Feuerstein-Knollen gefördert wurden. Daraus ließen sich ungefähr 153 Millionen Äxte fertigen. Nimmt man an, daß das Bergwerk 500 Jahre lang genutzt wurde, so müssen täglich im Durchschnitt 1 500 Äxte hergestellt worden sein, sofern die Bergleute und die Handwerker während des ganzen Jahres tätig waren.

Auch auf Salz ist früher Bergbau bekannt. Auf der Suche nach diesem kostbaren Mineral war der Mensch der Frühzeit schon tief ins Innere der Berge eingedrungen.

Schon seit 30 000 Jahren wirkt der Zauber der bunten Steine.

So erhielt ein wichtiger vorgeschichtlicher Kulturkreis seinen Namen von Hallstatt in Oberösterreich, in dessen Umgebung zahlreiche vorgeschichtliche Funde gemacht wurden. Der jetzt dort noch betriebene Salzbergbau hat wiederholt Spuren der alten Salzknappen jener Zeit aufgedeckt: Nicht nur ihre Werkzeuge, ihre Kleidung und Nahrung hat man gefunden, sondern auch den Menschen selbst, eingeschlossen und erhalten im Salz, in jenem Mineral, das er gewinnen wollte.

So alt wie die Kenntnis der Werkzeugherstellung aus Kalk- und Sandgestein, aus scharfkantigen Quarzen, Hornsteinen, Chalcedonen, Obsidianen oder aus Schiefer scheint auch das Schmuckbedürfnis des Menschen zu sein. So kennen wir durchbohrte Feuersteine als Anhänger aus der älteren Altsteinzeit. Aus der jüngeren Altsteinzeit, vor 100 000 Jahren etwa, fanden sich Perlen aus Kalkstein und Quarz, und als der Mensch begann, Höhlenwände, wohl zu kultischen Zwecken, mit Ritzzeichnungen und Malereien zu

Kunst und Edelstein. Struktur und Eigenschaften der Mineralien sind eine Herausforderung an die Künstler. Dieser Opal wurde zur effektvollen Plastik.

Milchquarz – ein trüber Bergkristall. Die Trübung wird durch kleinste Einschlüsse – Mutterlösung und fremde Kristalle – verursacht. Algerien – 62 x 50 mm (oben).

Kupfer plus Kohlendioxid gleich Malachit.
In Jahrhunderten wächst auf Kupferverbindungen grüne Patina. Grube Herdorf, BRD – 13 x 23 mm.

Realgar, ein Arsen-Sulfid. ▷
Es zerfällt nach längerer Lichteinstrahlung in gelbe erdige Massen von Auripigment. Banat, Rumänien – 32 x 50 mm.

Bergkristall auf Ankerit.
Das Kalziumeisencarbonat wächst in dünnflächigen Rhoboedern zu runden Scheiben. Arkansas, USA – 32 x 42 mm.

Amalgam – wir tragen es als Zahnfüllung.
Die Quecksilber-Silber-Verbindung trägt auch den Namen Landsbergit. Landsberg, BRD – 9 x 6 mm (oben).

Turm von Citrin-Kristallen.
Diese braune Varietät des Quarzes stammt aus Uruguay. 143 x 143 mm.

Weltsensation: 15 Zentimeter lange Cuprite.
1974 fanden Bergarbeiter Kupferoxidkristalle von nie gekannter Größe. Sie waren mit Malachit bedeckt. Onganja, SWA – 47 x 50 mm.

schmücken, standen ihm drei Farben zur Verfügung: Schwarz, Rot und Gelbbraun. Zwei davon, nämlich Rot und Gelbbraun, lieferte ihm das Mineralreich: Roten Zinnober und gelblichen Ocker. Die schwarze Farbe war der Ruß, den er aus seinem Lagerfeuer gewann. Funde aus Spanien und Südfrankreich beweisen, daß Jäger der Eiszeit vor 30000 Jahren bereits ihre Waffen und Werkzeuge mit Schmucksteinen verzierten.

Am Ende der Steinzeit suchte sich der Mensch bereits absichtlich auffällig schwere und farbige Steine aus, die sich von den übrigen wesentlich durch ihre Eigenschaften unterschieden. Er fand in den Ablagerungen der Wasserläufe zwischen Sand und Geröll Stükke von reinem Gold oder von Kupfererz mit grünen Überzügen. So begann allmählich ein neuer Zeitabschnitt in seiner Entwicklung: Der Mensch lernt das Schmelzen des Kupfers in der Feuerstätte und nach einiger Zeit begann er, seine Erze in Öfen zu verarbeiten. Als dann das Zinnerz in Form von Zinnstein seine Aufmerksamkeit fesselte, lernte er die Eigenschaft von

Metalle und Steine prägten die Kulturen berühmter Völker.

Kupfer-Zinn-Legierungen kennen. Er stellte fest, daß die aus diesen beiden Metallen gewonnene Bronze bessere Eigenschaften als Kupfer aufweist. Es war der Beginn einer neuen Etappe in der Geschichte der Menschheit: die Bronzezeit. Von den Tälern des Nil und Euphrat breitete sich die Verwendung von Bronze bis zum Mittelmeer aus, es entwickelte sich die Kultur der Phönizier, der Kreter und der Griechen. Kupfer und Zinn sind jedoch wertvolle Rohstoffe, und deshalb blieb das Gestein auch weiterhin Rohmaterial zur Herstellung der gebräuchlichen Werkzeuge. Gleichzeitig wuchs auch die Bedeutung der Steine als Baumaterial Die ersten Steinpaläste standen im Niltal und in Mesopotamien. Hier stieß man auch auf die Ruhestätte der Königin Shubad, die von 2685 bis 2654 v. Chr. lebte. Ihr Körper war in ein Kleid aus Gold, Silber, Lapislazuli, Carneol, Achat und Chalcedon gehüllt. Die Verarbeitung des Materials zeugt von einer bemerkenswerten Perfektion. Zu den am längsten bekannten Mineralien zählen außerdem manche Erdfarben wie roter Hämatit, gelber Limonit, aber auch grüner Malachit, blauer Azurit und roter Zinnober. Auch in den alten Kulturkreisen von China, Westindien, Mexiko und Peru tauchen einige dieser Mineralien auf.

Den Ägyptern waren um 3000 v. Chr. Malachit, Amethyst und Smaragd, Türkis, Granat, Silber und Gold bekannt. Sie betrieben zu

Azurit verwandelt sich in Malachit.
An der Luft wechselt das Kupfermineral seine Farbe: Aus Blau wird Grün. Tsumeb, Namibia – 20 x 22 mm.

jener Zeit bereits Bergbau im Gebiet von Theben in Oberägypten. Zu den ältesten Beschreibungen der Goldgewinnung gehört die Schilderung des Agatharthides (181–146 v. Chr.). Er schreibt, daß das Gestein durch Feuer mürbe gemacht und dann mit eisernen Werkzeugen abgeschlagen wird. Jeder Mann trage an der Stirn ein Grubenlicht. Das Gestein werde in steinernen Mörsern mit eisernen Keulen zu Pulver zerstampft, auf schiefstehenden Tafeln ausgebreitet und mit Wasser übergossen. Die erdigen Teilchen würden wegfließen, der Goldstaub bleibe zurück, weil er schwerer sei. Dieser werde dann in einem irdenen Tiegel mit Bleiklumpen, etwas Salz, wenig Zinn und feiner Gerstenkleie fünf Tage und Nächte geglüht.

Ursprünglich waren für die Gewinnung des Goldes die sog. »Goldseifen«, die Ablagerungen von Goldkörnern in Flußsanden, von Bedeutung. Manche alte Sage gemahnt noch an große Handels- und auch Raubzüge, die einzelne Völker unternahmen, um dieses so vielbegehrten Metalls habhaft zu werden. Die Sage vom »Goldenen Vlies« z.B. ist eine solche Erinnerung an weit zurückliegende Raubzüge und bietet gleichzeitig auch den ersten Einblick in die dabei angewendete Gewinnungstechnik. Man legte Schaffelle auf den Boden flachgrundiger Flußläufe, die goldhaltige Sande führten, und ließ das Wasser über die Felle strömen. Die flitterartigen oder körnigen, schweren Goldteilchen der Sande verfingen sich dabei in den krausen Wollhaaren, wenn sie durch die Strömung ganz auf dem Boden des Gewässers über das beschwerte Fell hinweggeschwemmt wurden. Die bedeutend leichteren rundlichen Sandkörner glitten oberflächlich über das Fell hinweg, so daß eine starke Anreicherung mit Gold erfolgte. Noch in unserem Jahrhundert wurde gelegentlich von dieser sehr einfachen Methode des Goldwaschens Gebrauch gemacht. Es wurde auch an der Donau gepflegt.

Ein Schacht für den 600-Zentner-Malachit

In Nishne-Tagilsk im Ural fand man um 1800 einen gewaltigen Brokken Malachit in nur 80 Metern Tiefe. Doch das Mineral mußte mit einem eigens dafür abgeteuften Schacht geborgen werden. Sein Gewicht betrug 500 bis 600 Zentner. 1796 wurde in der Ural-Stadt Nertschinsk ein 75 Kilogramm schwerer Aquamarin gefunden. Man erzählte sich damals auch von einem Hohlraum, so groß, daß ein komplettes Fuhrwerk einfahren konnte. Diese Höhle war mit Auquamarinen und Topasen ausgekleidet. Aus Murmansk berichten Überlieferungen von Topasen mit dreißig Zentimetern Länge und Breite.

Kakoxen – diesmal in exakter Kugelform.
Das Eisenphosphat wächst auf Eleonorit-Kristallen. Dieser Fund stammt aus der Grube Rotläufchen bei Wetzlar, BRD. 4 x 3 mm.

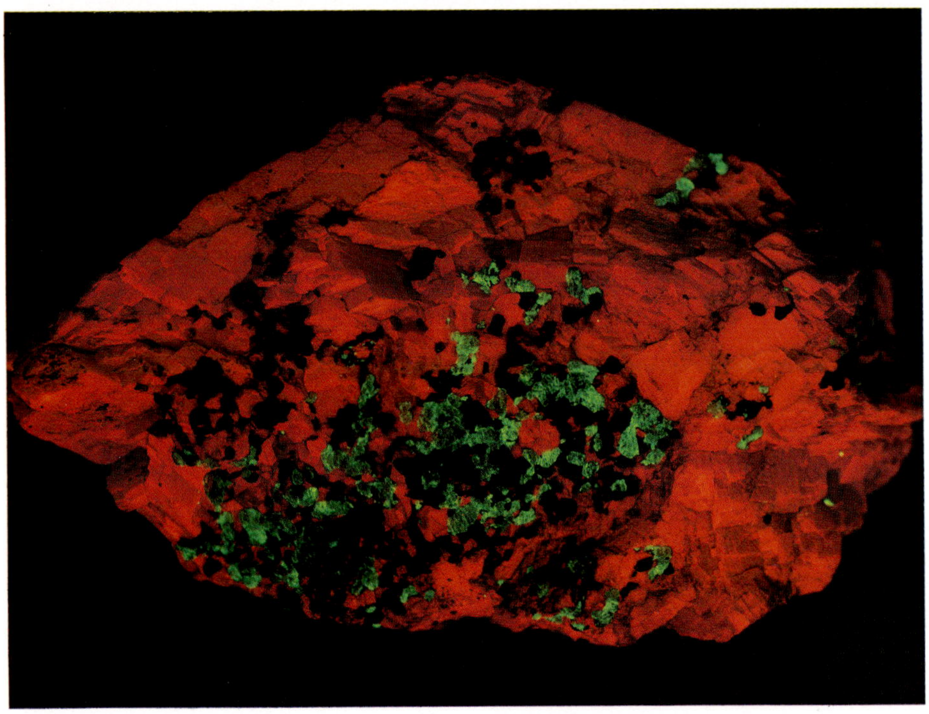

Ultraviolettes Licht zaubert schöne Farben.
So entdeckt man leicht das zinkhaltige Calcit-Willemit-Erz. Großlagerstätte ist Franklin, New Jersey, USA. 60 x 80 mm.

Anschnitt eines Eisenmeteoriten.
Durch Ätzen werden die typischen Widmanstätten'schen Figuren sichtbar. Mukarop, SWA – 84 x 90 mm (oben).

So zeigt man im Kloster Neuburg bei Wien einen Altarkelch, der aus Donau-Waschgold hergestellt wurde, und noch bis in die letzten Jahre des vorigen Jahrhunderts wuschen Zigeunerfamilien im Bereich von Groß-Wien aus dem Donausand Gold aus, das ihnen eine durchschnittliche Tageseinnahme von rund einem Gulden sicherte.

Nach der praktischen Verwendung der Steine und Mineralrohstoffe fesselte den Menschen seit uralten Zeiten auch die Schönheit einiger Mineralien. Er achtete auf die Form der Kristalle, deren Entstehung er sich nicht erklären konnte, und es ist deshalb kein

Edelsteine, seit dem Altertum gesucht. Als kostbare Zierde.

Wunder, daß er ihnen auch übernatürliche Kräfte zuschrieb. Bereits in der Steinzeit fesselte den primitiven Menschen das Gold, das man leicht schmelzen und gießen konnte. Daraus entstanden die ersten Schmuckgegenstände aus Edelmetallen. Zu dem gleichen Zweck förderte man in der Bronzezeit das Silber. Schmucksachen, Ziergegenstände und Kultfiguren fertigte der Mensch der Urzeit jedoch auch aus weniger wertvollem Material, aus Kupfer, Bronze und aus zufällig gefärbten oder geformten Steinen. Herrlicher Schmuck aus Gold und goldene Gegenstände finden wir besonders dort, wo dieses Metall in ungewöhnlichen Mengen vorkam. Hierher gehören besonders die Funde der indianischen Kultur, z.B. in Peru und Mexiko.

Die Forschung über die Verwendung der Edelsteine führt uns in prähistorische Zeiten. Man kann jedoch nicht feststellen, welches Volk sie als erstes bearbeitete. Die ältesten Nachrichten stammen aus Indien und aus den östlichen Mittelmeerländern, wo ihre Fundorte waren. Die gravierten Steine der babylonischen-syrischen Siegel stammen aus dem 4. Jahrtausend vor der Zeitrechnung. Die Babylonier waren hervorragende Steinschneider, wie die großen, in den Achsen durchbohrten, walzenförmigen Carneole oder Hornsteine, die als Amulette dienten, beweisen.

Im Jahre 1928 begann der britische Altertumsforscher Leonard Wooley mit Ausgrabungen bei der Stadt Ur am Euphrat. Dort, in der sagenhaften Heimat Abrahams, entdeckte, öffnete und untersuchte er die Königsgräber von Ur. Das war mit einer grausigen Entdekkung verbunden: Rund um die Bahre der Sumer-Königin lagen erschlagene Wachsoldaten, niedergemetzelte Hofdamen, Skelette von Kutschern und Knechten, die offenbar als Menschenopfer von Priestern zum Ruhme des Gottkönigtums umgebracht worden waren. Rundum aber blinkten und schimmerten unermeßliche Schätze, ein makabrer Gegensatz, der die Wissenschaft vieles aus der Zeit um das 3. Jahrtausend vor Christus lehrte.

Mehr aber als diese makabre Szenerie, mehr als die direkten archäologischen Schlüsse und Erkenntnisse soll uns hier interessieren, wie die Schmucksteine aus

Lapislazuli. Der blaue Stein, der das Glück brachte.

jener Zeit bearbeitet oder verwendet wurden. C. W. Ceram schildert in seinem Roman der Archäologie »Götter, Gräber und Gelehrte«: »Auf einer dick gepolsterten Perücke reihten sich drei Schnüre aus Lapislazuli und rotem Carneol. An der untersten hingen goldene Ringe, an der zweiten goldene Buchenblätter, an der dritten Weidenblätter und goldene Blumen. Darüber steckt ein fünfspitziger Kamm, geschmückt mit goldenen Blumen mit einer Auslage aus Lapislazuli. Goldene Spiraldrähte schmückten die Schläfen und goldene Ohrringe, halbmondförmig, hingen schwer herab. Das Modell, das jetzt im University Museum in Philadelphia steht und dem wir große Wirklichkeitstreue zutrauen dürfen, läßt uns erkennen, wie weit die Kunst der Edelmetallbehandlung und wie hoch der künstlerische Geschmack vor 5000 Jahren entwickelt waren. Unter den kostbaren Schmuckstücken aus den Königsgräbern von Ur befinden sich Stücke, deren sich heute Cartier in Paris nicht zu schämen bräuchte.«

Lapislazuli als Untergrund, besetzt mit Perlmutter- und Muschelfiguren, findet sich auch auf der weltberühmten sog. Mosaikstandarte, die ebenfalls aus diesen Königsgräbern stammt. Wahrscheinlich ist die Standarte bei Prozessionen und Umzügen getragen worden. Auch Siegel und Skarabäen

Ludlamit – ein Eisenphospat.
Dieser ungewöhnliche Kristall ist im Besitz der Ecole des Mines in Paris und wurde in Trepča, Jugoslawien, gefunden. 27 x 31 mm.

Deckelvase aus Alabaster.
Dieses Gipsgestein ist ein beliebtes Material für Kunst und Nippes. Die Vase stammt aus dem 17. Jahrhundert.

wurden aus dem berühmten Lasurstein geschnitten.

Es ist nicht so verwunderlich, daß gerade der Lapislazuli zu den ersten bearbeiteten Schmucksteinen der Geschichte gehört. Seine Farbe im sonst grauen Fels muß die Blicke der Menschen geradezu angezogen haben. Außerdem ist er verhältnismäßig weich, und sein warmer Farbton hat die frühen Künstler gewiß ebenso beeindruckt wie später die Maler des 15. Jahrhunderts, die ihre Madonnen mit Lapis schmückten, weil seine stille Farbkraft die andachtsvolle Stimmung förderte.

Die älteste Fundstätte für diesen Stein liegt bei Badakhschan im Hindukusch-Gebirge in Afghanistan, einem kahlen, von tiefen Schluchten zerrissenen Landstrich mit vereisten Hochgipfeln. Die Mine ist heute noch genauso in Betrieb wie 1280, als Marco Polo sie auf seinen Reisen besuchte. Später fand man brauchbaren Lapis am Baikalsee in Sibirien und bei Coquimbo in Chile. Der Chile-Lapis weist jedoch nicht die sattblaue Farbentiefe des afghanischen auf; er ist mehr oder weniger dicht mit grauem Gestein durchwachsen.

Das persische Wort für die blaue Farbe heißt lazhward; daraus und aus dem Französischen l'azur schliff sich allmählich für unsere Zunge das Wort Lapislazuli zusammen. In älteren Berichten ist dieser Stein manchmal mit dem tiefblauen Azurit, einem Kupfercarbonat, verwechselt worden. Ein Irrtum, der auch Aristoteles in seinem »Steinbuch« unterlief. Sein Schüler, Theophrastes, schrieb etwa 320 v. Chr. ein Buch »Über die Steine«, und darin erwähnt er auch die kleinen goldschimmernden Tüpfelchen in der blauen Grundmasse des Lapislazuli. Diese goldgelb blitzenden Einsprengsel sind winzige Pyritkörnchen.

Auch der Carneol, der mit seiner roten Färbung dem von Wooley gefundenen königlichen Kopfputz zusammen mit dem Lapis-Blau sei-

Seltene Kombination: Flußspat und Aurichalcit.
Die grünen Aurichalcite geben der Stufe ein unverwechselbares Aussehen. Durango, Mexiko – 10 x 13 mm.

Wie die Strahler aus dem Tessin den Urnern 15 Zentner Bergkristall stahlen

Strahler aus dem Tessin entdeckten in der Mitte des 19. Jahrhunderts die Tiefengletscherhöhle im Urserental. Doch sie lag auf Urner Gebiet, und die wertvollen Kristalle gehörten den Strahlern aus Uri. Doch so viele herrliche Kristalle mochten die Tessiner der Konkurrenz aus dem Norden nicht überlassen. Bei Nacht und Nebel stahlen sie rund 15 Zentner der herrlichen Steine. Das war der geringste Teil des wertvollen Höhleninhalts. Die sechs Meter lange, vier Meter breite und bis zu zwei Meter hohe Kluft barg insgesamt 300

Zentner herrlicher Bergkristalle. Die Tessiner mußten bei ihrem heimlichen Tun über das Gebirge steigen und konnten nur wenig Gewicht mitnehmen. Bis zur Entdeckung der Höhle durch die Einheimischen brachten sie jedoch eine stattliche Menge schöner Kristalle mit in das Tessin.

ne begeisternde Schönheit verlieh, war kein Allerweltsstein, obgleich diese schöne Quarzvarietät schon in frühesten Funden vorkommt. Der gelblich bis tiefrot durchscheinende Stein war bei allen Völkern beliebt, und schon in der mittleren Steinzeit kannte man ihn in der Gegend von Dordanskaja und Akcha in Sibirien. Dort wurde er, ebenso wie verschiedene farbige Chalcedon-Arten und Jaspis, sogar zu feinsten Klingen verarbeitet. In vielen vor- und frühgeschichtlichen Grabstätten fand man Carneole als durchlöcherte Kugeln und Ovale.

Schon sehr früh also kannten die Menschen neben ihren gewohnten Werksteinen glänzende oder lebhaft gefärbte Steine, die sie aus den Klüften rissiger Felswände oder aus dem Geröll seichter Flüsse bargen. Der Besitz solcher Steine war wohl ungemein wichtig: Er solle die Macht über dämonische Geister steigern. In frühen schriftlichen Mitteilungen wird nicht nur über die Gewinnung und Verarbeitung berichtet, sondern zahlreichen Mineralien wird eine Fülle von zauberischen und medizinischen Wirkungen zugeschrieben. So hören wir, daß bei den Griechen der violette Bergkristall, als Amulett getragen oder pulverisiert eingenommen, ein Schutzmittel gegen die Trunkenheit war – davon hat er den Namen Amethyst erhalten, denn das bedeutet: »Gegen Trunkenheit schützend«. Den reinen klaren Bergkristall betrachteten die Griechen als bei besonders tiefen Temperaturen gefrorenes Eis, das nicht mehr aufzutauen war.

Die magischen Kräfte der Steine. Sie wirken noch heute.

Vielfältige, magische Wirkungen schrieb man dieser wasserklaren Varietät des Quarzes zu: Er war ein allgemeines Schutzamulett, verhinderte den Blutsturz und heilte Wassersucht und sogar Zahnschmerzen. Im Mittelalter glaubte man, Bergkristalle bewahrten vor Durst – was allerdings nicht daran hinderte, aus großen Kristallen prächtige Krüge und Humpen zu schneiden. Da die Gefäße sicherlich nicht nur zur Zierde dienten, mochte der Bergkristall in dieser Form den gedachten Zweck erfüllen. Den grünen Serpentin benützte man gegen Schlangenbiß und

Mineralbestimmung

Sammler und Mineralogen können die Funde zunächst mit einfachen Methoden bestimmen. Eigens dafür hergestellte Anschauungstafeln sind meist so aufgebaut, daß sich die Mineralien in drei grobe Gruppen einteilen lassen, und zwar nach ihrem Glanz: Nichtmetallisch, z. B. Bergkristall; halbmetallisch, z. B. Zinkblende; metallisch, z. B. Pyrit oder Silber. Innerhalb dieser Einteilung werden die Kristalle nach ihrer Härte gegliedert. Dazu wird die Mohs'sche Härteskala herangezogen. Danach besitzt der Diamant als einziger Kristall den Härtegrad 10. Quarz z. B. hat den Härtegrad 7 und Talk die Härte 1. Die einfachste Probe ist das Ritzen mit Fingernagel, Messer oder Glasscherbe. Reicht diese Klassifizierung noch nicht zur Bestimmung aus, werden Farbe, spezifisches Gewicht und typische Kristallform ermittelt. In vielen Fällen kann jedoch der Kristall nur vage bestimmt werden. Dann empfiehlt sich die Untersuchung durch einen Fachmann. Mineralogen und Gemmologen (Edelsteinkundler) der Institute, z. B. an Universitäten, sind in der Lage, physikalische und chemische Analysen vorzunehmen, die immer zu exakten Ergebnissen führen.

Eisenrose – ein Hämatit-Kristall aus den Alpen.
Das Prunkstück für jede Mineraliensammlung stammt aus dem Binntal in der Schweiz. 23 x 27 mm.

Rotgültigerz – ein dunkles Silbermineral.
Dieser Pyrargyrit enthält bis zur Hälfte seines Gewichts reines Silber. St. Andreasberg, BRD – 46 x 32 mm (oben).

Im Grubenwasser des Stollens gewachsener Gips. Selten kristallisiert das Mineral in so schöner, nadeliger Form. Die Stufe wurde in Eisleben, DDR, gefunden. 80 x 110 mm.

Wegen seiner Kristallform auch Linsenerz genannt. ▷ Liroconit, ein Kupferarsenat aus Cornwall, Großbritannien. 8 x 12 mm.

Achat – hervorragend zu bearbeiten.
Die mikrokristalline Struktur des Achats verhindert Spalten und Splittern. Er läßt sich gut fräsen, schleifen und sägen.

allgemein gegen Gifte. Der Topas gar sollte, als Pulver in Wein getrunken, die Melancholie vertreiben – eine Wirkung, die dem Wein wohl auch ohne Beifügung von Topas-Pulver zukommt. Das Ausmaß des Aberglaubens auf diesem Gebiet ist nicht annähernd abzuschätzen, aber wir werden in einem späteren Kapitel noch erfaren, daß auch »aufgeklärtere« Epochen nicht abließen, den Kristallen immer neue, immer ungewöhnlichere magische Kräfte anzudichten. Tatsächlich scheint es so, als habe der Besitz der Steine zuerst magische und erst viel später praktische Bedeutung gehabt.

Gegen Ende der vorgeschichtlichen Zeit sollen magische Steine zu einer Art Münze im Tauschverkehr der Steppen-Nomaden mit den Ackerbauern geworden sein. War es wirklich so etwas wie ein Geldverkehr, oder haben die rauhen Nomaden den Seßhaften die glitzernden und bunten Steine listig als Zaubermittel und Schutz gegen die Naturgewalten und gefährlichen Dämone aufgeschwatzt? Jahrhundertelang haben es beispielsweise die fahrenden Zigeuner ähnlich gehalten, wenn sie ihre Zauber- und Wahrsagekunst oder ihre Amulette gegen greifbare Werte eintauschten.

Nickel – ein böses Schimpfwort der Bergleut

Wer von den Bergleuten Nickel gerufen wurde, der konnte gewiß sein, daß er nichts taugte. Denn Nickel, das war das schlimmste Schimpfwort der Knappen und Bergleut. Dieses Metall sieht in seinem Erze dem Kupfer ähnlich und die Bergleut förderten es als Kupfer. Doch wie ärgerlich wurden sie, wenn statt des Kupfers ein anderes Metall aus dem Ofen rann. Dann schalten sie das Erz »Nickel«.

Und bevor die Sumerer, das sagenhafte Kulturvolk vor den Ägyptern, geritzte Steine als Mittel der Identifikation, als Ausweis, als Siegel benutzten, erblickten auch sie darin mit allerlei Schutzkräften aufgeladene Wundersteine. So wurde ihnen z.B. die Macht zugeschrieben, Diebe abwehren zu können.

Ein 3000 Jahre altes Handwerk. Die Goldschmiedekunst.

Die Siegel-Zylinder, die seit etwa 3300 vor Christus in Mesopotamien, das etwa dem heutigen Irak entspricht, in Gebrauch waren, bestanden verständlicherweise aus verhältnismäßig weichen Mineralien oder Gesteinen wie eben Lapislazuli oder Hämatit, Serpentin, Steatit oder Marmor. Üblicherweise waren diese Rollsiegel etwa vier Zentimeter lang. Den Fürsten kamen größere Formate zu und für Götter waren sie sogar bis zu 16 Zentimeter Länge gearbeitet. Im Louvre zu Paris kann man Rollsiegel aus Carneol, Obsidian, Fluorit und Achat besichtigen, die etwa um 3000 vor Christus von den Sumerern benutzt wurden. Siegel assyrischer Herkunft fand man im Kaukasus.

Diese vertieft gravierten Zylinder wurden auf weichem Ton abgerollt, in dem sie plastische Bilder und Abdrücke hinterließen. Damit der Besitzer das kostbare Siegel nicht verlor, trug er es der Länge nach durchbohrt am Hals oder am Gürtel. Drei Jahrtausende lang waren in Mesopotamien die Rollsiegel so selbstverständlich in Gebrauch wie in unseren Tagen die Gummistempel. Man hat sie praktisch bei jeder Ausgrabung gefunden. Die Archäologen verdanken diesen Funden die Kenntnis vieler Lebensumstände und Gewohnheiten von Königen und von einfachen Leuten, und sie zogen Schlüsse über den Wandel in Kunst und Handwerk daraus.

Ursprünglich stellten die Siegel einfache Szenen und Figuren dar: Fabelwesen, Könige, Helden und Hirten mit ihren Tieren. Später traten stilisierte Muster an die Stelle der Szenen. Der Assyrologe Samuel Noah Kramer erzählt: »Eines

Vor vielen hundert Jahren – Smogalarm

Die Gruben von St. Andreasberg förderten vor Hunderten von Jahren auch arsenhaltige Erze. Bei der Erhitzung im Ofen verdampfte das giftige Arsen als weiße Wolke in den Himmel. Widrige Winde trieben den giftigen Dampf über die Stadt. Wenn die Wolke gesichtet wurde, wanderte der Ausrufer durch die Straßen, damit die Leute Fenster und Türen schließen. Trotzdem starben viele Leute durch den Arsenik-Dampf.

In Mexiko liegen die einzigen Fundorte.
Legrandit – ein Zinkarsenat – wächst auf Limonit. Es gehört zu den teuren Sammlerobjekten. Mapimi, Mexiko – 23 x 32 mm.

Deckelvase aus China.
Lapislazuli wurde im 19. Jahrhundert in China für viele Kunstwerke verwendet. Er läßt sich dank seiner kompakten Substanz gut verarbeiten.

Changieren ist nicht opaleszieren

Edelsteinfachleute haben ihren eigenen Sprachschatz um das Farbenspiel eines Edelsteins oder Kristalls zu beschreiben. Hier eine Kostprobe:
Irisiren = Schillern in Regenbogenfarben beim Quarz.
Adularisieren = wogender Lichtschein beim Mondstein.
Labradorisieren = flächenhafte farbige Aufhellungen beim Labradorit.
Aventurisieren = farbiges Aufleuchten diverser kleiner Partikel beim Aventurinquarz.
Opalisieren = buntes fleckiges Farbenspiel beim Opal.
Opaleszieren = bei Auflicht milchig bläuliches, bei Durchlicht rötliches Bild, bei Opal und Mondstein.
Chatoyieren = Katzenaugeneffekt bei Chrysoberyll-Katzenauge oder Quarz-Katzenauge.
Changieren = Farbwechsel bei unterschiedlichem Licht beim Alexandrit.

der beliebtesten Themen für die Siegelschneider in Südmesopotamien war eine Szene, in der ein Mann einem Gott durch einen anderen Gott vorgestellt wird, wahrscheinlich der Siegeleigentümer dem persönlichen Schutzgott. Weiter nördlich in Assyrien entwikkelten die Siegelschneider ein ganzes Repertoire von Gegenständen und Stilen mit heraldischen Motiven, Tierkampfszenen und Göttergeschichten.«

Diese Menschen verfügten über eine hohe handwerkliche Geschicklichkeit. Sie erfanden Werkzeuge und Techniken und entwikkelten erstmals einen breit angelegten Ackerbau. Sie erweichten Tierhäute in einer Lösung aus Alaun und Galläpfeln und stellten auf diese Weise Leder her, sie knüpften Teppiche und betrieben einen beachtlichen Textilexport. Außerdem beherrschten sie metallurgische Verfahren, vor allem für Kupfer und Bronze. Die Gold- und Silberschmiede und die Schmucksteinhersteller standen den Schmieden nahe. Oft arbeiteten die Goldschmiede mit den Edelsteinschneidern zusammen, die übrigens bei ihren Experimenten mit Sand, Quarz, Soda und Kalk auch auf ein Herstellungsverfahren für Glas und Glasuren stießen. Vieles von dieser Kultur ist aus den Bildern und Zeichen der alten Siegel herauszulesen.

Aus Babylon übernahmen die Ägypter die Siegelzylinder, und seit ungefähr 2500 vor Christus verwendeten sie auch viereckige und rundliche Plättchen, ebenfalls durchbohrt, als Siegel. Auf der Rückseite solcher Plättchen tauchte hier zum ersten Mal das später

Häuften Edelsteine zu gewaltigen Schätzen: Ägyptische Könige.

heilig gehaltene Bild des Skarabäus auf. Dieser Käfer war in den Mittelmeerländern das Symbol des Glücks. Weil der Pillendreher als junger Kotkäfer einer Dungkugel entschlüpft, sahen ihn die Ägypter als Urwesen und eine Gestalt des Sonnengottes an. Es sollte bis zum 4. Jahrhundert vor Christus dauern, ehe häufiger Fingerringe auftauchten, und erst rund 300 Jahre vor Christus kam der flache Siegelstein für Ringe in Gebrauch. Diese Form wurde beherrschend für die antiken Gemmen Griechenlands und Roms und blieb modern bis auf den heutigen Tag.

Die Sumerer aber, die eigentlichen Begründer aller babylonischen Weisheit, die Erfinder der Keilschrift, auf deren Kultur fast alles zurückgeht, was Glanz, Größe und Zauber von Babylon und Ninive ausmacht – diese Sumerer waren genaugenommen und nach europäischem Maßstab Steinzeitmenschen. Ihr zeitlicher Lebensraum befand sich im sogenannten Neolithikum, in der jüngeren Steinzeit, die bis 2000 Jahre vor unsere Zeitrechnung reicht. Ihre Steinkultur stand allerdings außerordentlich hoch; denn schon vor 5000 Jahren

Anglesit-Stufe.
Das sonst meist farblose Mineral ist ein Bleierz. Selten sind auch grüne Varietäten. Tsumeb, Namibia – 30 x 40 mm.

schlugen sie Statuen ihres Priesterkönigs Godea von Lagaseh aus hartem Diorit, und sie wußten die Bildwerke wunderbar zu glätten. Eine große Anzahl dieser Statuen wurde wiedergefunden, und eine der schönsten befindet sich heute im New Yorker Metropolitan Museum of Art.

Eine Sensationsnachricht aus Ägypten durcheilte im Dezember 1925 die Weltpresse: Im Tal der Könige war nach langen Jahren wissenschaftlicher Spatenarbeit das Grab des Gottkönigs Tut-ench-Amun entdeckt worden. Bis zum Beginn der genaueren Untersuchung vergingen noch Monate, aber schon angesichts des Edelsteinprunks in der Vorkammer soll einer der Entdecker, der britische Archäologe Howard Carter, gesagt haben: »Sicher hatte man nie vorher in der gesamten Geschichte von Ausgrabungen so Wunderbares geschaut, wie es uns das Licht der elektrischen Lampe enthüllte.«

Der Enthusiasmus sollte noch wachsen, denn Howard Carter und Lord Carnarvon befanden sich mitten in der Geschichte des bedeutendsten ägyptischen Gräberfundes. Die beiden Forscher hatten schon vier Jahre gegraben, und ihre Ausbeute war nicht eben großartig gewesen. Sie wollten bereits aufgeben, beschlossen dann jedoch, noch einen Winter lang im Tal der Könige zu suchen. Man war nämlich, während der Arbeiten am geöffneten Grab Ramses VI., auf eine Reihe alter Arbeiterhütten gestoßen. Und an dieser Stelle fanden die Engländer den Eingang zum reichsten Königsgrab Ägyptens.

»Das Plötzliche dieser Entdeckung versetzte mich in eine Art von Betäubung«, schrieb Carter. Der Schrein, mehr als fünf Meter lang und drei Meter breit, war

Nie waren Berylle so intensiv violett-rot.
Nur die Wah-Wah-Mountains in Utah liefern bonbonfarbene Kristalle, die zu Schmuck verarbeitet werden. USA – 13x17 mm.

Die Buttermilcherz-Ernte von St. Andreasberg

Im Stollen von St. Andreasberg stießen Bergleute einst auf eine Druse. In der befand sich fließendes Erz, das von den Knappen ob seines Aussehens »Buttermilcherz« genannt ward. Der ungewöhnliche Fund löste nach dem ersten Erstaunen eine wahre Gier nach dem glänzenden Metallsafte aus. Nicht nur die Bergleut, auch Weiber und Kinder strömten in die Grube um mit Eimern, Kannen und Schüsseln von dem silbrigen Safte zu schöpfen. Vor der Grube versilberte das Erz die Blätter und Blumen zu einem Schatzgarten.
Nach einer mündlichen Überlieferung.

Eleonorit, ein Eisenphospat.
Um solche Kristallstufen zu finden, muß man keine Weltreise machen. Halde Rotläufchen, Wetzlar, BRD – 4x4 mm.

Gefälschte Steine, so schön wie echte

Im Mineralienhandel und im Juweliergeschäft geht nicht immer alles mit rechten Dingen zu. Die starke Nachfrage nach Kristallen und Edelsteinen hat so manches dunkle Geschäft aufblühen lassen. Fälschungen, Imitationen, künstliche und synthetische Steine, den echten und wertvollen Kristallen zum Verwechseln ähnlich, wandern über den Ladentisch. Gemmologen, die diplomierten Edelsteinkundler, bezweifeln, daß dem Gros der europäischen Juweliere der Schwindel auffällt oder bewußt ist. Sie kaufen billige Fälschungen, Imitationen, sowie künstliche und synthetische Kristalle als echte Steine ein und geben sie guten Gewissens an ahnungslose Kunden weiter. Das Paradebeispiel für solchen Betrug ist die Verwandlung von synthetischem Spinell in einen »echten« Aquamarin, indem er lediglich als solcher ausgegeben wird. Kein Laie, ja selbst Juweliere können solche Fälschungen nicht vom echten Stein unterscheiden. Betrüger wagen sogar Opale nachzuahmen. Sie streuen einfach bunte Metallflitter in eine Glasschmelze. Eine Imitation eines natürlichen Kristalls geschieht oft mit einem optisch ähnlichem Material. Wer nicht aufpaßt, kauft anstatt eines Diamanten einen weißen Saphir. Synthetische Kristalle sind absolute Neuschöpfungen aus den Labors der Wissenschaftler für Schmuck und Technik. In Massen sind billige, aber künstlich hergestellte Rubine auf dem Markt. Eine andere, zwar naive, aber auf den ersten Blick frappierende Fälschungsart: Ein echter Stein z.B. Türkis wird zu Pulver gemahlen, mit Kleber oder Bindemittel vermischt und zu einem neuen Stein gepreßt. »Künstler« unter den Fälschern zaubern sogar durch ein bislang unerklärbares Verfahren Marmorierungen und Bänder. Anders als die Juweliere können die Gemmologen einen großen Teil dieser Fälschungen und Imitationen entlarven, in einem Fall können auch sie jedoch nicht einen Betrug beweisen: Ein natürlicher Bergkristall läßt sich durch kein zerstörungsfreies Verfahren vom künstlichen Bergkristall unterscheiden! Bei wertvollen Edelsteinen sind es vor allem die Einschlüsse, durch die Fälschungen entdeckt werden. Den modernen Züchtungsmethoden haften auch immer noch typische Fehler an, die nur der Gemmologe unter dem Mikroskop erkennt. Doch hierbei ist es genauso wie auf anderen Gebieten der Kriminalistik: Die Methoden der Fälscher werden immer raffinierter, ihre Steine immer »echter« und die Liste der gefälschten Steine immer länger. Hier ein kleiner Auszug: Lapislazuli wird gefälscht durch blauen Achat, Sodalith, oder minderwertigen Lapislazuli. Türkis durch Türkispulver und Kunststoff. Diamant durch Cirkonia, einem synthetischen Stein, der doppelt so schwer ist. Ein anderes Kunstprodukt, Diamontite, führt zu Verwechslungen allein über den Namen. Smaragde durch farblose Beryllkristalle, die mit grüner Kittmasse zusammengeklebt werden. Jade durch gelbgrünen Serpentin. Citrin wird als Quarztopas ausgegeben, Citrin selbst durch gebrannten Amethyst nachgeahmt.

völlig mit Gold überzogen, und Zauberzeichen bedeckten die Füllungen von blauer Fayence in den Seitenteilen. Der Schrein enthielt einen weiteren Schrein, und erst im dritten, einem Sarg aus gelbem Quarzit, fand sich die Mumie, bedeckt mit der goldenen Totenmaske des Pharao.

Die Goldmaske des Tut-ench-Amun gehört zu den berühmtesten Schmuckwerken der Welt. Fast jeder hat ihr Abbild schon einmal irgendwo gesehen und ließ sich betören von diesem goldenen Antlitz, mit Augen aus Aragonit und Obsidian, mit Lidern und Brauen aus lapisfarbenem Glas. Ausgelegt ist die Maske mit Lapislazuli, Amazonit, Carneol, Alabaster und Obsidian. Innerhalb der Leinenbinden war Tut-ench-Amun mit der sogenannten »Magischen Rüstung« bedeckt, mit unzähligen Amuletten, Symbolen und Zauberrunen. Solche Amulette bestanden nach dem Brauch der Zeit im allgemeinen aus Hämatit, dem blauschwarzen bis dunkel stahlgrauen Eisenoxid, das auch Blutstein genannt wird.

Neben den gewohnten Hämatit-Amuletten fand Carter jedoch unter dem Polster am Kopf der Mumie ein Amulett aus Eisen. Er hatte einen der frühesten ägyptischen Eisenfunde gemacht. Das stellte sich alles erst später heraus. Zunächst sahen sich die Forscher einer unglaublichen Gold- und Edelsteinpracht gegenüber. Der tote König war buchstäblich in mehre-

Kobalt, das vom Kobold verwunschene Erz

Zusammen mit dem Silber fanden die Bergleute auch Kobalt. Sie hielten es jedoch für Silber. Erst bei der Verhüttung entdeckten sie, daß sie sich geirrt hatten. Doch zunächst nahmen sie an, der Kobold, der Berggeist hätte das Metall verwunschen und zu Kobalt gemacht.

re Lagen von Gold und Juwelen eingehüllt.

Bei den Ägyptern war die Goldschmiede-Kunst schon früh verbreitet gewesen. Es herrschte ja kein Mangel an dem gelben Metall; die nubischen Minen brachten reichlich Material zum Ruhme und zum Glanze der Könige und Götter zutage.

Als Edelsteine wurden vor allem Achat, Jaspis, Carneol, Granat, Amethyst und Türkis verwendet. Schon unter den Herrschern der Zwölften Dynastie hatte das Kunsthandwerk seinen Höchststand erreicht. Prächtige Kassetten, Armbänder, reichgeschmückte Baldachine, Tragesessel, Kampfwagen, Särge, Schminkkästen und Ornamente überall in den alten Reichen waren mit Gold, Silber und Kupfer überzogen und mit Edelsteinen verziert. Der ägyptische Beitrag zur Weltgeschichte der Kunst ist überragend, und zu den schönsten Funden gehört das Grab des Tut-ench-Amun.

Acht Jahre brauchte Carter, um alles zu bergen, zu katalogisieren und zu restaurieren. Dabei war Tut-ench-Amun, nach allem, was über ihn bekannt ist, ein ziemlich unbedeutender Herrscher, der im zarten Alter von 18 Jahren starb. Man weiß außer der Tatsache, daß er der Schwiegersohn Echnatons und der Gatte der bezaubernden Anches-en-Amun war, nicht viel von ihm. Carter meint: »Soweit unsere Kenntnisse heute reichen, können wir mit Gewißheit sagen, daß das einzig Bemerkenswerte in seinem Leben darin bestand, daß er starb und begraben wurde.«

Wenn dieser königliche Jüngling in seiner relativen Bedeutungslosigkeit so reich mit Schätzen umgeben seinen Platz im Grabe fand, wie unermeßlich und unvorstellbar kostbar müssen die »Ewigen Wohnungen« der wirklich großen Könige ausgestattet gewesen sein! Die aber hatte man zumeist leer gefunden. Ungeheuerliche Berge von edlen Steinen müssen im Lauf der Jahrhunderte den Räubern der Wüste in die Hände gefallen sein.

In seinem Buch »Der goldene Pharao« läßt der Direktor des berühmten Metropolitan-Museums in New York, Thomas Horing, durchblicken, daß es auch in diesem Fall nicht mit rechten Dingen zugegangen sein dürfte. Der Autor stieß bei der Vorbereitung der großen Tutench-Amun-Ausstellung auf bisher nicht bekannte private Aufzeichnungen, Briefe und Dokumente, denen das Buch seine Entstehung verdankt. Horing schreibt in der Einleitung:

»Durch dieses Material kam die ganze und die wahre Geschichte der aufsehenerregensten Entdeckung der Archäologie ans Tageslicht. Was *ich* entdeckt hatte, war die Wahrheit, doch sie war nicht unbedingt nobel, heroisch und ergreifend; vielmehr eine Geschichte voller Intrigen, krimineller Handlungen, raffinierter politischer Schachzüge, Unterschlagungen, Verleumdungen, Lügen, zerstörter Hoffnungen und Leid. Ein Abgrund menschlicher Verfehlungen tat sich auf, und ich erkannte, daß man das Thema ›Archäologie in Ägypten‹ künftig unter ganz neuen Aspekten würde betrachten müssen.«

Juwelengeschmückte Kanne aus der Münchner Residenz.
Vase von 1570 aus Jaspis, mit Gold, Diamanten und Perlen besetzt – ein Zeichen von Reichtum und Macht.

Die Hethiter kannten als erste die Metall-Verhüttung.
Sie schlugen ihre Kultur und Geschichte in einen Relieffries. Schon 5000 Jahre v. Chr. kannten sie das Eisen.

Muskovit – ein Schichtsilikat. ▷
Dieser Glimmer besteht aus Kalium, Aluminium und Silizium. Minas Gerais, Brasilien – 42 x 62 mm.

Das lichtscheue Mineral.
Anfänglich strahlend rot, verändert Proustit seine Farbe im intensiven Licht in unscheinbares Schwarz. Chañarcillo, Chile – 12 x 10 mm.

Uranophan – ein strahlendes Uranmineral.
Fundort der seidig glänzenden Nädelchen ist Les Bois Noirs, Loire, Frankreich. 17 x 14 mm.

In den Fels gewachsen: Opal.
Kein Einkristall, sondern ein Gebilde aus Mikrokristallen, die erst im Elektronenmikroskop sichtbar werden. Australien – 22 x 40 mm.

Wavellit aus den Klüften der Kieselschiefer. ▷
Die radialstrahligen Gebilde bildeten sich in den verschiedensten Farben. Langenstriegis, Sachsen, DDR – 14x22 mm.

In vielen Kristallformen wächst der Calcit.
Der rot gefärbte Kristall von St. Andreasberg im Harz, BRD, erhält seine Farbe durch eine dünne Schicht von Realgar. 19 x 24 mm.

Calcite haben eine trigonale Symmetrie.
Sie wird zuweilen durch Einlagerungen anderer Mineralien sichtbar. Lindenberg, Taunus, BRD – 30 x 22 mm (oben).

Grüner Duftit färbt den Kristall von Tsumeb.
Calcit ist fast überall auf der Erde zu finden. Meist ist der Kristall jedoch klar oder lehmig braun getrübt. SWA – 35 x 35 mm.

Gediegen Kupfer ist reines Metall.
Schon lange vor der Kolonialzeit bereiteten die Neger Werkzeuge und Schmuck aus Kupfer. Tsumeb, Namibia – 37 x 30 mm.

Silberschatz aus Kongsberg.
Armdicke wurzel- oder astartige Gebilde machten den Silberfund von Norwegen berühmt.
61 x 50 mm.

Kakoxen – nur unter der Lupe strahlen die Kugeln.
Ein Fund von der Abraumhalde der Grube Rotläufchen bei Wetzlar, BRD. 10 x 13 mm.

Covellin – nur selten in großen Kristallen.
Das blaue Kupfererz färbt sich in Öl blutrot. Sardinien, Italien – 30 x 22 mm (oben).

Radioaktiver Müll: Torbernit.
Dieser Uranglimmer liegt auf den Abraumhalden der Uranerzbergwerke. Vogtland, DDR – 11 x 11 mm.

Steinreich – mit einem Griff.
Ein großer Fund ist jedoch eher selten. Feueropal aus Australien.

Tagesausbeute: winzige Opale.
Man muß schon genau hinschauen, um die wertvollen Steine zu entdecken.

DIE GIER NACH GOLD UND EDELSTEINEN.

Den hohen Wert für die Bodenschätze brachte erst die Zivilisation. Neid und Habgier inszenierten Kriege, Raub und Mord. Die Juwelen, einst Verkörperung des Glücks, wurden zu unheilbringenden Steinen.

Viele Arten schöpferischen Schaffens sind Zeugnis der historischen Entwicklung des Menschen, in kaum einer aber sind Kunst und Handwerk, Können und Fleiß, Wert und Reichtum, Faszination und Mythos, aber auch Habgier und Haß, gar Mord und Totschlag so eng, vielfältig und auch widersprüchlich verwoben wie in der Geschichte des Goldes.

Das phantastische am Gold ist, daß es beim Menschen überall, oder fast überall, ganz unvernünftige Gefühle ausgelöst hat. Menschen in China wie in Südamerika, in Europa wie im schwärzesten Afrika waren schon vor 4000 Jahren vom nutzlosen Gold ganz hingerissen. Die Gier nach Gold war zweifellos ein wichtiges Motiv für die Plünderer und Kriegführenden aller Zeiten. Alexander der Große eroberte große Goldmengen in Ägypten, und die Überlegenheit Roms gründete sich nicht zuletzt auf griechischem Gold. Ähnliche Feldzüge nach Gold, Erzen von Gebrauchsmetallen und Edelsteinen unternahmen aber auch die alten Ägypter. Es sind Bemühungen prähistorischer Völker zur Erringung von Feuerstein-Fundstellen, dem »strategischen Rohstoff« der damaligen Zeit, bekannt, ebenso wie Expeditionen der Römer nach den baltischen Bernstein-Fundorten.

Durch den größten Feldzug dieser Art, der zum großen Teil durch die Bestrebungen motiviert war, Gold, Silber und Edelsteine zu gewinnen, kam es zur Kolonisation von Mittel- und Südamerika. Die Entdeckung der Neuen Welt durch die Europäer bedeutete auch die Ausrottung einer Reihe indianischer Volksstämme, deren Kultur der des damaligen Europas in nichts nachstand. Die Kolonisatoren drangen um das Jahr 1509 in das Innere des entdeckten Kontinents ein. Nach wenigen Jahren eroberten sie die Reiche der Azteken und Inkas (vom heutigen Mexiko bis Peru) mit den Goldfundorten, das Reich der Chibcha (Kolumbien) mit den Smaragdgruben, und schließlich eroberten sie auch das Gebiet des heutigen Brasiliens mit Gold- und Topasfundorten. Das mittelamerikanische Gold wurde von den Eroberern sofort gefördert, die kolumbianischen Smaragde wurden ab dem Jahre 1537 abgebaut.

Was vor allem in Mittelamerika geschah, gehört zu den scheußlichsten Tragödien der Menschheitsgeschichte. Die Inselbewohner, die die Entdecker antrafen, hatten Gold, mit dem sie sich schmückten, das sie aber bereitwillig gegen Glasperlen und buntes Tuch eintauschten. Die Eroberer wollten jedoch mehr. Sie prügelten die Eingeborenen zur Goldsuche in die Berge. Sie gingen dabei so grausam vor, daß ganze Dorfgemeinschaften und Volksgruppen sich freiwillig das Leben nahmen. In wenigen Jahren war das Volk der Kariben ausgelöscht – nur die erdkundliche Bezeichnung »Karibisches Meer« erinnert noch an sie.

Die böse Blutspur wahnwitziger Goldgier zieht sich über hundert Jahre durch Lateinamerika.

Ein König, mit Gold überpudert. Das weckte den Neid der Spanier.

Kulturen wie die der Azteken und Tolteken wurden von den goldgierigen Eindringlingen zerstört, im heutigen Kolumbien ganze Landstriche verwüstet. Entsetzlicher Höhepunkt der unmenschlichen Verwilderung war der Raubzug des Francesco Pizarro in das Inka-Reich, das heutige Peru. Es war das Land von »El Dorado«, dem Vergoldeten, nach einer alten Sage der Eingeborenen. Sie berichtet, daß alljährlich der König, gänzlich mit Goldstaub eingepudert, auf

Opal-Einschlüsse im Sandstein Australiens.
Die gelförmige Muttersubstanz kristallisiert in winzigsten Kügelchen in den Spalten. 44 x 28 mm.

Tagesförderung einer Mine. Jährlich werden in Oranjemund 2,6 Millionen Tonnen Schwemmsand durchsucht. Die Ausbeute: sechs Zentner Diamant.

dem Titicacasee der Sonne in einer feierlichen Zeremonie goldene Opfergaben darbrachte. Diese Feierlichkeiten gab es nicht mehr, als Pizarro kam. Aber es gab Gold.

Es ist fast unglaublich: Pizarro hatte ganze 180 Mann, meist wüste Gesellen aus den Hafenvierteln Europas, und der Inka Atahualpha herrschte über ein Heer von 30 000 Soldaten. Mit Mord und Totschlag, Betrug und Verrat schlug sich der Räuberhaufen bis zum Inka durch, nahm ihn gefangen, erpreßte ein ungeheures Lösegeld, nämlich ein ganzes Zimmer voller Goldgegenstände, so hoch aufgetürmt, wie Pizarro mit seiner Degenspitze an der Wand reichen konnte und – ermordete den Sonnenkönig trotzdem. Tempel, Paläste, Häuser und Magazine des hochzivilisierten Staates wurden rücksichtslos geplündert, das hochkultivierte Reich brach zusammen, ein verzweifeltes Volk verfiel dem Elend.

Man weiß nicht genau, wann die peruanischen Indianer begonnen haben, Gegenstände aus Gold zu fertigen – manche Stücke sind vielleicht schon um 500 vor Christus entstanden –, jedenfalls haben die Mochicas, die um 400 vor Christus einen großen Teil der Nordküste unter ihre Herrschaft gebracht hatten, das »goldene« Zeitalter in der vorkolumbianischen Metallbearbeitung begründet. Um das Jahr 1000 beherrschten mehrere der höherentwickelten Stämme das Legieren, Schweißen, Plattieren, Gravieren, Treiben und noch viele der heute bekannten Techniken.

In jüngster Zeit haben die Archäologen erstaunliche Schätze aus der Vor-Inka-Zeit entdeckt; Goldfiguren, Kultgerät und Gebrauchsgegenstände, die den Spaniern entgingen, als sie 1532 das Inkareich plünderten. Viele dieser Altertümer, die noch aus vorchristlicher Zeit stammen, sind in die Hände von Sammlern gelangt, die in ihnen das Erbe der reichen Vergangenheit Perus bewahren. Bei den neuesten Funden wundert man sich vor allem, daß diese Schätze nicht nur den Spaniern, sondern ganz offenbar auch den Inkas selbst entgangen sind. Dabei waren sie nicht weniger goldgierig

Zangenbacken fixieren den Diamant zum Schleifen. Präzisionswerkzeuge und eine sichere Hand des Edelsteinschleifers sind wichtige Voraussetzungen für einen guten Schliff.

Wie ein Smaragd wächst

Der Smaragd wächst frühmorgens bei Sonnenaufgang, wenn die Sonne beherrschend auf ihrer Bahn einsetzt, ihren Lauf zu vollenden, und wenn die Grüne der Erde und der Gräser am kräftigsten ist; denn dann ist die Luft noch kalt, aber die Sonne schon warm und dann saugen die Kräuter die Grüne so kräftig wie ein Lamm, das Milch saugt. Daher ist der Smaragd ein gutes Mittel gegen alle Gebrechen, weil die Sonne ihn hervorbringt.

Hildegard von Bingen.

als die Spanier. Goldschmiede der Chimus wurden zu Sklaven gemacht und nach Cuzco geschleppt, um Goldschmuck für die Inkaherrscher zu entwerfen, und Inka Tupacyupanque erbaute ein großes Gewölbe mit drei Räumen, um seine Beute unterzubringen. Doch zugunsten der Indianer sei gesagt, daß im Gegensatz zu den räuberischen Europäern weder die Inkas noch ihre Vorgänger im Gold je einen Maßstab für Reichtum oder ein Mittel zu kommerziel-

Nuggets im Yukon und Klondike: Goldrausch für Abertausende.

lem Tausch gesehen haben. Für die alten Völker war es ein Symbol der Vollkommenheit, sie schätzten es seiner Reinheit und Schönheit wegen. Für die Inkas hatte es den Glanz der Sonne, die sie anbeteten.

Das größte »Goldfieber« in der Geschichte der Menschheit brach im Jahre 1896 nach der Entdeckung des Goldes an den Flüssen Yukon und Klondike im Nordwesten Kanadas aus. Seine Geschichte erzählt ebenso von Heldentum wie von menschlicher Habgier und menschlichem Leid. Hunderttausend Abenteurer aus der ganzen Welt kannten nur ein Ziel: so schnell wie möglich reich zu werden. Nur 4000 gelang es jedoch, Gold zu finden, und nur für einige von ihnen lohnte sich die Reise wirklich. Ihre Tat, die heute schon Legende ist, trug jedoch zur Besiedlung dieses Teils von Kanada bei, der zur damaligen Zeit fast unbewohnt war.

Fast ein halbes Jahrhundert vorher waren die Goldsucher nach Kalifornien gestürzt. Im Zulaufgraben der Sägemühle des Schweizer Siedlers Johann August Sutter fand der Arbeiter James Marshal am 24. Januar 1848 ein paar Goldflocken. Ein Jahr später war in Kalifornien die Hölle los. Zu Abertausenden

Lupenrein-Prüfung.
Nur Diamanten ohne Fremdeinschlüsse bestehen diese wichtigste Prüfung unter einer 10fachen Lupe (oben).

Winkelmessung für den Schliff.
Das Feuer eines Diamanten entsteht durch den Schliff von Facetten. Brillanten haben 48 bis 146 solcher Flächen.

Einstmals wertvoller als Gold: Steine vom Mond

Mit dem ersten Besuch der Menschen auf dem Mond im Jahre 1969 gelangte auch endlich das Mondgestein in menschliche Hände. Schon Hunderte Jahre zuvor hatte es Spekulationen gegeben, aus welchem Material unser Erdtrabant beschaffen sei. Verständlich, daß die erste »Lieferung« des begehrten Gesteins wie ein kostbarer Schatz gehütet wurde. Was dann die Wissenschaftler entdeckten, weckte jedoch falsche Vorstellungen. Die erste Probe enthielt verhältnismäßig viel Titan.
Doch ein zweiter Flug zum Mond bereitete den Spekulationen ein jähes Ende. Der Mond, so die lapidare Erklärung, bestehe aus ähnlichem Gestein wie unsere Erde, sei basaltisch. Der Erdtrabant, das war damit für die Wissenschaft klar, hatte die gleiche Entstehungsgeschichte wie die Erde durchgemacht – er war nur kleiner und konnte deshalb keine Atmosphäre halten. Abgesehen von Meteoriteneinschlägen ist der Mond noch im gleichen Zustand, wie er einst entstand.
Ein Superlativ blieb jedoch. Die Mondsteine sind die bestuntersuchten Mineralien der Erde.

strömten Goldgräber über die Rocky Mountains, eigene Schiffslinien wurden eingerichtet, über die Landenge von Panama wurde eine Eisenbahn gebaut, nur für die Goldgräber von Kalifornien und ihren Materialiennachschub. Aus dem verschlafenen Ankerplatz San Francisco wurde die abenteuerlichste Budenstadt der Welt. Und im Lande wurden Äcker zu Kraterlandschaften, Berghänge wurden abgeholzt und mit Wasserkanonen beschossen, deren Strahl das Erdreich von den Hängen abspülte. In den Tälern wüteten Schleppbagger. Und es gab Gold. Bis heute hat die Erde Kaliforniens 2,5 Millionen Kilogramm Gold hergegeben – und noch immer wird gefördert.

Gleichzeitig wurde in Australien Gold gefunden. Hier kam es zu regelrechten Kriegen zwischen den »Diggern« und der Regierung, ganze Provinzen entvölkerten sich. 1883 brach das Goldfieber auch in Sibirien aus, wo ein Goldfundort entdeckt wurde, der der reichste seiner Zeit war. Aus China und Rußland strömten die Einwohner der Nachbargebiete und auch verschiedene Abenteurer dorthin und bildeten eine große Goldgräbersiedlung, die am Ufer des nordchinesischen Flusses Zeltuga (ein Nebenfluß des Amur) bis auf 20000 Einwohner anwuchs. Sie proklamierten die selbständige Republik Zeltuga mit eigenen Gesetzen. Der Zustrom fremder Goldgräber beunruhigte die chinesische Regierung derart, daß sie diese Siedlung im Jahre 1886 militärisch liquidierte.

Bis heute hat die Menschheit etwa 70000 Tonnen Gold gesammelt, ausgeschmolzen, aus dem Sand von Flüssen »gewaschen« oder aus Felsen gehackt und gekratzt. Als Masse ist das gar nicht einmal viel: Etwa 3700 Kubikmeter, ziemlich genau so viel wie der Würfel der Kaaba in Mekka an Rauminhalt hat. Unempfindlich gegen den Zahn der Zeit und gegen Luft und Wasser, unangreifbar für die meisten Säuren, hat Gold Ewigkeitswert. Es kann immer wieder eingeschmolzen, neu geformt und abermals geschmolzen werden, so daß der Ring, den man heute kauft, möglicherweise Gold enthält, das einst im Halsschmuck der sagenum-

Das Gold der Isar und die Bergnixen

Die Isar führt Gold in ihrem Sande. Das wußten die Venediger und sie kamen alle Jahre. An einem Bache, der sich unterhalb Mittenwald in die Isar ergießt, haben sie ihre Hütten aufgeschlagen, den Sand des Baches fleißig gewaschen und viele Goldkörnlein gefunden. So erzählen die Leute noch heutzutage. Auch wissen sie von einem Hirtenknaben, der an einer Quelle sitzend den sprudelnden Wassern zusah und auf einmal bemerkte, wie glänzende Kügelchen in

großer Zahl aus der Quelle hervorbrachen. Er griff in dieselbe und füllte seinen Hut mit den Kügelchen bis zum Rand. Als er seinen Fund den Leuten zeigte, sagten sie, es sei pures Gold. Man forschte nach der Stelle, aus der das Gold gequollen, fand aber keine Goldkörner mehr, sondern nur tauben Sand. Die neidischen Bergnixen haben diese Quelle versiegen lassen. Nicht besser erging es einem Holzhauer, der auf einem Berge eine aus dem Boden hervorragende Baumwurzel erblickte, die ihm ganz sonderbar vorkam. Er untersuchte dieselbe und fand, daß sie aus glänzendem Metall bestehe. Mit seiner Axt hieb er ein großes Stück davon ab und trug es heim. Hier wurde die Wurzel ebenfalls als reines Gold erkannt. Als man die Stelle aufsuchte, an der die Wurzel gefunden wurde, konnte sie nicht mehr entdeckt werden. Die Bergmännlein haben sie unsichtbar gemacht.
Nach einer Überlieferung.

wobenen Königin von Saba schimmerte. Das helle, strahlende und erstaunlich schwere Metall ist dehnbar wie kein anderes. Es kann zu Blattgold von der Stärke eines Zehntausendstel Millimeters gehämmert werden, und ein Gramm Gold läßt sich zu einem 56 Kilometer langen Draht ziehen, ohne zu reißen. Legiert man Gold mit anderen Metallen, um es zu härten, so nimmt es eine andere Farbe an. Silber macht es weißlich, während Kupfer es rötet; auf diese Weise lassen sich Phantasietönungen wie Grün, Orange, Rubinrot und Purpur erzielen. Bei Goldschmuck gibt die eingeprägte Qualitätsmarke an, wieviel Gold er enthält. Der Anteil reinen Goldes in jedem Stück wird in Karat ausgedrückt, wobei 24 Karat reines Gold bedeuten. Ein 18karätiger Ring besteht also aus 18 Teilen Gold und 6 Teilen anderer Metalle.

Gold – fast die Hälfte der jährlichen Weltproduktion wird aus südafrikanischen Minen geliefert – schmilzt bei 1063 Grad Celsius und behält auch in flüssiger Form seine Farbe bei. Der Anblick fließenden Goldes ist ein erregendes Schauspiel. Das geschmolzene Metall wird aus einem kleinen, von langen Eisenzangen gehaltenen Krug in Formen gegossen. Der Gießer muß eine sichere Hand haben; ein verschüttetes Tröpfchen kann den Verlust eines Gramms Goldes bedeuten. Die neugeformten Barren, die für ihre künftigen Reisen in Safes, Tresore und Stahlkammern

Der bayerische Reichsapfel mit Smaragden und Saphir.
Je wertvoller die Steine, um so größer Macht und Ansehen des Herrschers. München – 180 x 150 mm.

Typische Smaragdstufe aus Kolumbien.
Smaragde wachsen dort in Gesellschaft von Pyrit und Feldspat in Schieferklüften. 40 x 54 mm.

Die schönsten Wulfenite der Red-Cloud-Mine.
Zu den wertvollsten Funden gehört dieser Kristall des Naturhistorischen Museums in Wien. Arizona – 35x62 mm.

Erythrin ist ein Oxidationsprodukt von kobaltführenden Erzen. ▷
Diese Stufe ist eine der schönsten ihrer Art und stammt von Bou Azzer in Marokko. 57 x 90 mm.

Goethit – samtartige seidenglänzende Sphärolithe.
Ein typisches Erz in manchen Eisenlagerstätten, hier von Roßbach, Westerwald, BRD. 75 x 120 mm.

der großen Banken durch Seriennummern kenntlich gemacht werden, verlassen die Gießerei im Panzerwagen.

Jahrhundertelang glaubten die Gelehrten, Gold könne durch Verwandlung anderer Stoffe künstlich gewonnen werden, die Frage sei nur, wie. Bärtige Alchimisten in langen Gewändern arbeiteten in heißen, von Gestank erfüllten Laboratorien, um den »Stein der Weisen« zu finden, der die Umwandlung unedler Metalle in Gold ermöglichen sollte. Heute, wo das Zyklotron den Schmelztiegel ersetzt, können wir vermittels der Kernspaltung das erreichen, was ihnen versagt geblieben ist. Es wäre allerdings nicht gerade als Hobby zu empfehlen. Der Physiker hät-

Diamanten, die härteste »Währung« der Wirtschaft.

te als Ausgangsstoff Blei oder Platin zu verwenden, und ein Goldkörnchen von Nagelkopfgröße würde soviel kosten wie mehrere Tonnen natürliches Gold – jedenfalls heute noch. Immerhin wäre es richtiges, von Menschenhand geschaffenes Gold und damit das Ende einer langen, mühsam verfolgten Spur. Die Atomwissenschaftler haben also den Alchimisten auf dem Gebiet der Goldmacherei den Rang abgelaufen. Niederlage der okkulten schwarzen Magie – Sieg der rationalistischen technischen Magie.

Mit dem »Goldfieber« kann es das »Diamantfieber« in jeder Hinsicht aufnehmen. Das bekannteste brach im Jahre 1867 aus, als man die ersten Diamanten in Südafrika entdeckte. Die Zeitschrift »Diamond Fields Advertiser« in Kimberley aus dieser Zeit schreibt darüber: »In den Häfen flohen die Matrosen von den Schiffen, Soldaten verließen die Armee, die Polizisten ließen die Gefangenen frei, die

Kaufleute liefen aus ihren Geschäften und die Beamten aus den Schreibstuben. Farmer verließen ihre Herden, und alle eilten zu den Ufern der Flüsse Vaal und Oranje, um Diamanten zu waschen.

Weil der Diamant selbst als unbezwingbar galt, glaubte man früher, er mache auch seinen Besitzer unbesiegbar. Deshalb trugen ihn Fürsten in Schlachten und nahmen ihn reiche Kreuzfahrer mit ins Heilige Land. Wer Diamanten besaß, galt als mächtig. Diamanten wurden bald zu bevorzugten Juwelen der Herrscher, die sie oft verpfändeten, um Prachtbauten hinzustellen oder Kriege zu führen. Andere Herrscher raubten die wertvollen Steine, manche mordeten, um sie zu besitzen, wieder andere führten Feldzüge. Da ist beispielsweise der »Koh-i-noor«, der heute zu den britischen Kronjuwelen gehört. Seinetwegen kämpften indische Fürsten, persische Herrscher und türkische Sultane durch Generationen gegeneinander. Zuletzt gehörte er dem indischen Potentaten Rangit Singh, dem »Löwen von Pandschab«. Als die Engländer ihn besiegten, nahm die britische »Ostindische Kompanie« den Stein als »Kriegsentschädigung« an sich und schenkte ihn 1850 Königin Victoria. Der persische Aga Mohammed ließ 1773 den afghanischen Ahmed Schah auf bestialische Weise zu Tode foltern, weil er den Diamanten »Darya-i-noon« haben wollte. Weil der Diamant schon immer sein Geld wert war, hat er einige Male auch den Lauf der Geschichte beeinflußt. Von Englands Richard Löwenherz (König von 1189–1199) wird berichtet, daß er sich 1194 nur aus der Gefangenschaft Kaiser Heinrichs VI. befreien konnte, weil zu dem Lösegeld auch der Diamant »Briolette von Indien« gehörte, den der Kaiser unbedingt besitzen wollte. Heinrich IV. von Frankreich (König von 1589–1610) konnte 12 000 Soldaten um seinen Thron kämpfen lassen, weil er sich mit dem »Sancy«-Diamanten als Sicherheit den Sold für sie zusammenpumpen konnte. Und die französischen Republikaner borgten sich nach dem Sturz der Monarchie mit ihren Kronjuwelen Geld. Allein für den »Regent«-Diamanten, das Lieblingsjuwel von Marie Antoinette, erhielten sie von dem Berliner Bankier Treskow umgerechnet vier Millionen Franc. Mit diesem Geld wurden dann die Soldaten und Waffen bezahlt, mit denen Napoleon im Juni

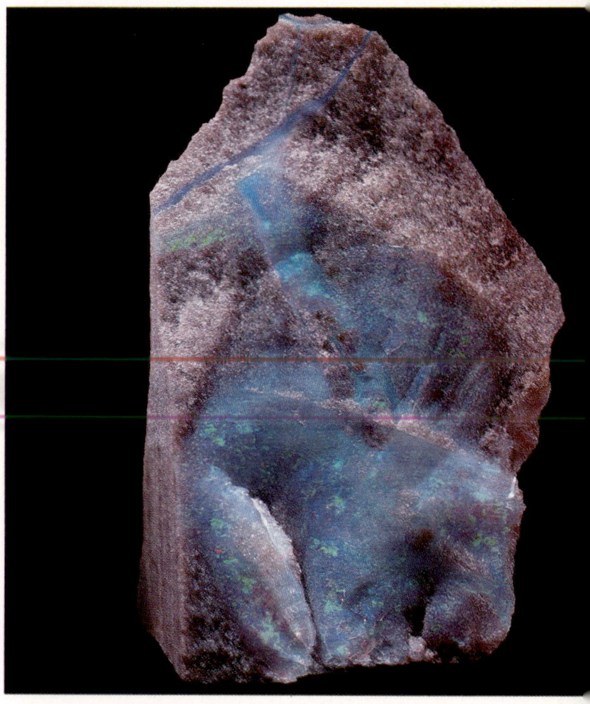

Lohn unsäglicher Mühen.
Ein schimmernder Opal in seinem Muttergestein von Queensland, Australien. 80 x 70 mm.

Opal – der Stein, der Unglück bringt

Im Mittelalter wurde der schöne Stein gerühmt, weil er seiner Trägerin ewige Jugend und den Goldglanz der blonden Haare erhalten sollte. Doch später sagten die Menschen ihm nach, daß er auch Unglück bringe. Denn immer weniger Steine wurden in Ungarn gefunden.

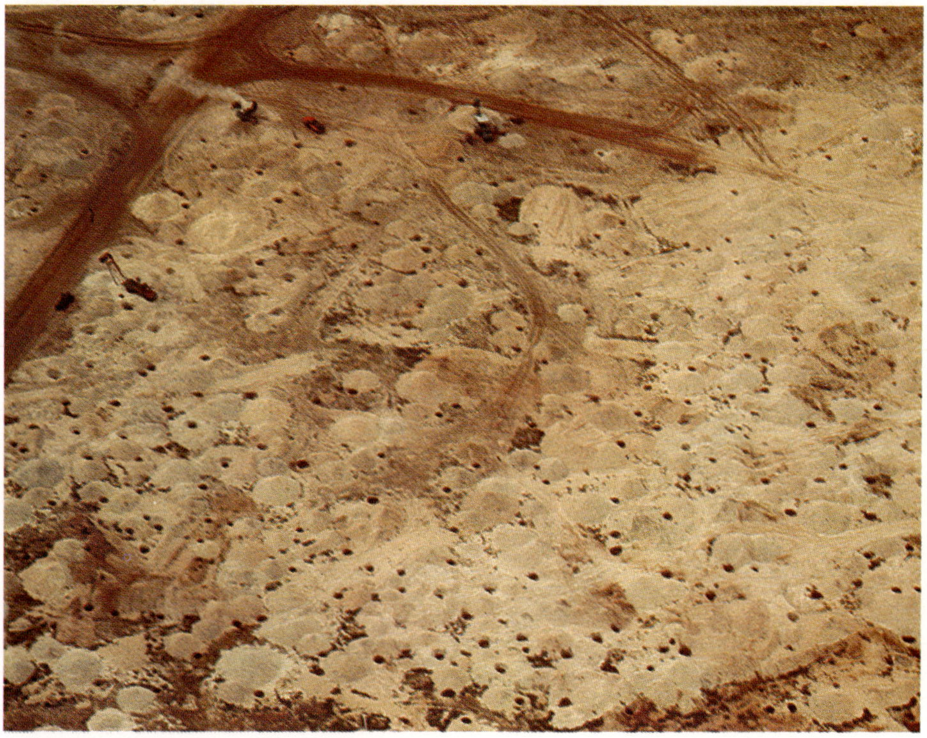

Opalsucher – den Maulwürfen gleich durchwühlen sie die Erde.
Ganze Sippen überleben nur durch die Hoffnung auf das große Glück.

1800 bei dem oberitalienischen Dorf Marengo entscheidend über die Österreicher siegte.

Was ist das für ein Mineral, das in der Geschichte eine solche Rolle spielen konnte? Als die Inder vor rund 3000 Jahren die ersten Diamanten entdeckten, hielten sie sie für zur Erde gefallene Sterne. In Wirklichkeit ist der Diamant reiner Kohlenstoff, der mehr als 150 Kilometer tief im Magma des Erdinneren unter großem Druck und ungeheurer Hitze kristallisierte. Explosionsartige vulkanische Ausbrüche transportierten den Diamanten zur Erdoberfläche hinauf, oder bis dicht darunter. Oft bleibt er in den Förderschloten zurück, die man ihrer Röhrenform wegen »Pipes« nennt. Diese Pipes erstrecken sich bei einem Durchmesser von nur einigen hundert Metern bis über 150 Kilometer ins Erdinnere hinein. Die Form gleicht einer überdimensionalen Nadel. Diese Röhren sind mit Kimberlit, einem nach der Stadt Kimberley benannten Gestein ausgefüllt, dem Muttergestein des Diamanten. Solche Pipes werden in Südafrika, Tanganjika, Zaïre und in der Sowjetunion ausgebeutet. Der Diamant ist das härteste aller Mineralien, aber unter starker Hitze und Anwesenheit von Luft verbrennt er ohne Rückstand zu Kohlendioxyd.

Lupenreine Diamanten von einem und mehreren Karat sind auf dem Markt rar geworden. Sie werden auf der ganzen Welt von reichen Leuten aufgekauft, die sich gegen die Inflation und die wirtschaftlichen Folgen eines politischen Umsturzes sichern möchten, denn Diamanten gelten als gute Kapitalanlage. Seit der Jahrhundertwende sind sie um fast 400 Prozent teurer geworden. Während der letzten 20 Jahre erhöhten sich die Preise jährlich um etwa 10 Prozent. So kostete ein lupenreiner, blauweißer Stein von einem Karat 1949 noch etwa 3700,– DM, heute

Roselith – ein durch Kobalt gefärbtes Arsenat.
Der Fundort für die schönsten Kristalle ist Bou Azzer in Marokko. 12 x 14 mm.

Der falsche Smaragd des Alexander von Humboldt

Wertvolle Steine sind schon immer gefälscht worden. Oft waren die Kopien den Steinen täuschend ähnlich. Selbst Alexander von Humboldt erlag einer solchen Täuschung. Er bekam beim Besuch eines Smaragdbergwerks im Ural einen schönen Stein geschenkt, nachdem er ungeduldig danach fragte. Doch als er das »großzügige« Geschenk in Amsterdam schleifen ließ, klärten die Goldschmiede ihn über sein Mißgeschick auf. Er hatte pures Flaschenglas mit nach Hause gebracht.

ist er mehr als 15 000,– DM wert.

Völlig reinweiße – also absolut farblose – Diamanten sind äußerst selten. Viele Steine spielen leicht ins gelbliche. Ein bräunlicher Ton beeinträchtigt den Wert des Steins. Je weniger Eigenfärbung ein Diamant hat, desto besser bricht er das Licht in regenbogenfarbige Strahlenbüschel, die als »Feuer« bezeichnet werden. Ein weißer Diamant, der einen kleinen Einschluß aufweist, ist im allgemeinen wertvoller als ein lupenreiner mit dunkelgelber Tönung.

Die größten Diamanten werden für Millionen gehandelt. Wenn sie überhaupt käuflich sind.

Manche völlig reine Diamanten haben eine eigenartige Farbtönung, etwa einen Stich ins Rosa, Blaue, Grüne oder Violette. Daneben gibt es auch intensiv rot-, blau-, grün- und gelbgefärbte Steine mit zauberhafter Leuchtkraft. Alle diese sogenannten »fancy diamonds« haben einen hohen Seltenheitswert. Ein New Yorker Juwelier hat kürzlich einen rosa Diamanten von 16,32 Karat ausgestellt. Preis 1,5 Millionen Mark. Der berühmte Hope-Diamant, der heute im Museum der Smithsonian Institution in Washington zu sehen ist, hat eine intensiv blaue Tönung. Auch ein gelbgetönter Diamant kann seine Schönheit haben. Ein Farbunterschied, der den Wert eines Steines beträchtlich beeinflußt, ist häufig so geringfügig, daß ihn nur der Fachmann erkennt.

Die Zeit hat die berühmtesten Diamanten mit einem romantischen Zauber umwoben, der Dichtung und Wahrheit ihrer Geschichte verfließen läßt. Der »Goldene Maharadscha«, ein birnenförmiger, goldfarbener Diamant von 65,60 Karat – das entspricht etwa 16 Gramm – erregte 1937 in der Pariser Weltausstellung internationales Aufsehen. Als Leihgabe der berühmten Juwelensammlung eines der reichsten indischen Maharadschas war er unter Tausenden ausgestellter Diamanten der größte. Damals zeigten seine Majestät König Leopold II. von Belgien wie auch viele andere Sammler großes Interesse an dem Stein. Doch der Maharadscha wollte sich um keinen Preis von dem seltenen orangefarbenen Juwel trennen, dessen Herkunft geheimnisumwittert ist. In den letzten Jahren soll er mehrmals den Besitzer gewechselt haben und befindet sich zur Zeit in privaten Händen.

Der Tiffany-Diamant ist der größte und edelste kanariengelbe Diamant der Welt. Er ist einmalig unter den gelben Diamanten, nicht nur seiner Reinheit und Größe wegen (128,51 Karat), sondern auch, weil er seine phantastische Farbe selbst bei künstlicher Beleuchtung bewahrt. Der ungefaßte Stein war bereits bei zwei Weltausstellungen zu sehen: 1893 in Chicago und 1939 in New York. Der Diamant wird mit mehr als zwei Millionen Dollar bewertet und ist einer der ganz wenigen berühmten Steine, die heute

Fast zehn Karat: Diamant aus Südafrika.
Einer der wenigen schönen Edelsteine, die noch im Muttergestein sitzen. 9 x 11 mm.

Der berühmteste Diamantenfundort der Welt.
Das »Big hole« in Kimberley, Südafrika, wurde im Diamantenfieber gegraben.

Wer die Krone trug, hatte Macht und Ansehen.
Gold, Brillanten, Rubine, Smaragde, Saphire und Perlen schmücken die Bayerische Königskrone von 1806.

noch erworben werden können.

Der Hope-Diamant (44,50 Karat), der größte blaue Diamant der Welt, ist einer der berüchtigsten Edelsteine. Man vermutet einen Zusammenhang zwischen dem unheilbringenden Hope-Diamanten und dem berühmten »Französischen Blauen«, der 1668 von Indien nach Frankreich gelangte, um den Kronjuwelen Ludwigs XIV. einverleibt zu werden. Später wurde er ins »Goldene Vlies« Ludwigs XV. eingesetzt. Der makellose Stein von seltener, tiefblauer Farbe war in Indien gefunden worden, und es hieß, er bringe Unheil, weil ihn Diebe einst aus dem Auge einer Statue der Hindu-Göttin Sita, Gemahlin des Rama, gerissen hätten. Auf jeden Fall wurde eine ganze Reihe von Hope-Besitzern vom Unglück heimgesucht.

Der Diamant Kohinoor und dessen Geschichte lassen sich bis ins Jahr 1304 zurückverfolgen, da er der größte im Besitz des Radscha von Malwa befindliche Diamant gewesen sein dürfte. Später gehörte er dem Sultan Babur, der 1526 die Großmogulen-Dynastie begründete, und war zwei Jahrhunderte lang eines der kostbaren Juwelen der Mogulherrscher. Es heißt, Schah Dschahan habe den Stein seiner Gemahlin Mumtas geschenkt, zu deren Gedächtnis später der Tadsch Mahal erbaut wurde. Möglicherweise rührt daher die Überlieferung, er dürfe nur von einer Frau getragen werden, weil er einem Mann stets Unheil bringen würde. Die Geschichte bestätigt dies: Fast sämtliche seiner männlichen Besitzer sind eines gewaltsamen Todes gestorben. Wer den Kohinoor besitzt, beherrscht die Welt, hieß es damals, und die Geschichte dieses Diamanten war gezeichnet von Grausamkeit und Blutvergießen, bis ihn die Briten 1849 in der Juwelenkammer von Lahore fanden. Kein englischer König hat den Stein je getragen. Erst kürzlich machten Indien wie auch Pakistan ihre Ansprüche auf den Diamanten geltend.

Der Regent, 140,50 Karat, gilt als einer der prachtvollsten Diamanten der Welt. In seiner langen und abenteuerlichen Geschichte haben Habgier und Mord mitgespielt. Schließlich wurde der Stein im Jahre 1717 vom Herzog von Orleans erworben. Von da an war er unter dem Namen Regent bekannt und gehörte zu den französischen Kronjuwelen. Ludwig XV. trug ihn erstmals am 21. März 1721, als die türkischen Botschafter mit großem Prunk und Zeremoniell in Paris empfangen wurden. Er war mit Brillanten und Perlen eingefaßt und wurde als Schulterschmuck

Ein Diamant verhalf Napoleon zur Krone. Der Regent.

Chalkantit – giftiges Kupfervitriol.
Die blauen Kristalle sind leicht wasserlöslich. Die Lösung wird zum Spritzen von Weinreben benutzt. Herdorf, BRD – 35 x 40 mm.

Blumen aus Kristall.
Zinkkarbonatkristalle wuchsen zu dichten »Blüten« zusammen. Smithsonit von Tsumeb, SWA/Namibia. 13 x 14 mm.

auf dem Königsmantel getragen. 1722 wurde er ins Mittelstück der Krone oberhalb des Stirnreifs eingesetzt. Napoleon hatte seine Machtübernahme teilweise dem Regent zu verdanken, mit welchem er Geld aufnahm. Später, für seine Krönung im Jahre 1804, ließ er ihn auf das Heft seines Degens montieren.

Die Herkunft des Wittelsbacher Diamanten (35,32 Karat), zuweilen seiner tiefblauen Farbe wegen auch »Großer Blauer Diamant« genannt, bleibt ein Geheimnis. Aber drei Jahrhunderte seiner Geschichte sind immerhin belegt. Er gehörte zur Mitgift Margarete Theresas, der Tochter Philips IV. von Spanien, als sie 1667 Kaiser Leopold I. heiratete. Danach ging der Diamant an das Haus Wittelsbach über, eine alte Adelsfamilie von beträchtlichem Einfluß in Deutschland und insbesondere in Bayern. Sie spielte eine führende Rolle in der europäischen Geschichte; ihre Mitglieder waren erst Herzöge, dann Kurfürsten und schließlich Könige. Der Diamant war 1722 Teil des Brautschatzes der Prinzessin Maria Amalie von Österreich, Tochter Kaiser Josephs I. gewesen, die den Kurfürsten Karl Albrecht von Bayern, den späteren Kaiser Karl VII. heiratete. Sie trug den Stein als Brustschmuck. Nach ihrem Tod im Jahre 1766 kam er in die Wittelsbacher Schatzkammer in München. Er wurde häufig vom Kurfürsten als Machtzeichen getragen. Als Bayern später zum Königreich wurde, setzte man den Blauen Diamanten als Vorderstück des Vertikalbogens in die Königskrone ein. Zeitweilig wurde der Diamant allerdings entfernt und durch ein Stück blaues Glas ersetzt. Als Zeuge von Krönungsfeierlichkeiten, Königshochzeiten und -begräbnissen blieb der Stein jedoch im Hause Wittelsbach, bis er 1931 auf geheimnisvolle Weise verschwand. Erst 1961 tauchte er in Belgien wieder auf.

Auch seriöse Fachgelehrte, akribisch und nüchtern veranlagt, scheuen in ihren Schriften nicht den Hinweis auf Blut, Leid und Trä-

Blick in einen Kristall.
In Feldspat sind kleine Schuppen von Eisenoxid eingeschlossen, die ein typisches Farbenspiel hervorrufen, das Aventurisieren. Norwegen – 2,5 x 3 mm.

Die Zwerge vom Goldberg bei Hagen

Im östlichen Teile der Stadt Hagen erhebt sich an der Volme ein öder Bergkegel, der im Volke »Goldberg« heißt. Vor vielen Jahren lebten in Hagen fleißige und geschickte Waffenschmiede, die die ersten Zweige der Eisenbearbeitung in das Volmetal brachten. Ihre Waffen wurden wegen ihrer Güte weit und breit bekannt; denn die Zwerge waren die unsichtbaren Gehilfen der Schmiede. In ihren

Wohnungen lagen große Schätze, die man heben zu können glaubte, wenn es gelänge, einen Zwerg in seine Gewalt zu bekommen. Als nun einst ein Zwerg in die Hände der Menschen fiel, versprach er sie reich zu beschenken, wenn sie in dem Berge völliges Stillschweigen beachten und keinen Zank beginnen wollten. Kaum hatten die Leute jedoch die starken Goldadern erblickt, als sie auch schon mit lautem Geschrei darauf losstürzten und nach wenigen Augenblicken über deren Besitz in grimmigsten Streit gerieten. Zur Strafe riß der Zwerg eine Erdzacke von der Decke; der Stollen stürzte zusammen und bildete das Grab der habgierigen und zanklustigen Schmiede. Von nun an ging die Waffenschmiedekunst mehr und mehr zurück. Der Goldberg steht noch heute öd und kahl da, während alle anderen Berge mit grünenden Tannen und Eichen bestanden sind . . .
Nach einer mündlichen Überlieferung.

nen, verursacht von Diamanten und Diamantengier. Verbittert nennt der Südafrikaner J.H. Du Plessis den Diamanten einen »schmutzigen Klumpen Kohlenstoff«. Er ist ihm nichts weiter als ein Stein politischen Anstoßes. Diese Einstellung gewann er 1960 als Chef der polizeilichen Diamanten-Detektei. Für Du Plessis ist der Diamant nicht das »Bruchstück Ewigkeit« der alten Inder, die ihn schon vor fast 3000 Jahren kannten, nicht Adamas, der Unbesiegbare der alten Griechen, sondern nur ein Katalysator des Verbrechens und politischer Machenschaften. Du Plessis gibt an, daß in Afrika jährlich Steine im Wert von rund 30 Millionen Dollar auf dunklen Wegen außer Landes geschmuggelt würden. »Von Europa und dem Mittleren Osten würden sie meist durch den Eisernen Vorhang gelenkt, wenn sie nicht zur Finanzierung umstürzlerischer politischer Machenschaften dienten.«

Du Plessis glaubt, daß ohne den großen Zufluß illegaler Industrie-Diamanten die Konstruktion der sowjetischen Wasserstoff-Bombe auf viele Jahre hinaus verzögert worden wäre. Er schreibt »Abertausende von Industrie-Diamanten haben dazu beigetragen, die Präzisionswerkzeuge und Instrumente anzufertigen, die die Wasserstoffbombe schufen und Rußlands Industrie und Rüstung zu dem gefährlichen Riesen heran-

Zwei verschiedene Opale in einem Sandstein.
Jeder Opal hat eine eigene Grundfarbe. Der obere ist ein Feueropal, der untere opalesziert blau-violett. Mexiko – 73 x 65 mm

Rosafarbener Topas – gesuchte Rarität aus Pakistan.
Diese Farbvarietät ist bei dem geschätzten Edelstein selten. 40 x 50 mm.

Grauspießglanz Antimonit aus Přibram, Böhmen, ČSSR. ▷
Das Erz, Sb_2S_3 tritt zuweilen mit Kermesit Sb_2S_2O, einem seltenen roten Mineral auf – 8 x 13 mm.

Erst im Anschliff grau-grüne Farbenpracht.
Das Eisenarsenat Skorodit wächst niedrig-traubig. Djebel Debar, Algerien – 60x78 mm.

Orientierte Aufwachsung: Fahlerz mit Kupferkies.
Ihr ähnlich innerer Aufbau läßt sie zusammenwachsen. Clausthal, BRD – 20 x 15 mm (oben).

Der schönste Mimetesit-Kristall, der je gefunden wurde.
Auf dem rechten Kristall erstrahlt ein Stern. Tsumeb, SWA – 33 x 33 mm.

wachsen ließen, als den wir ihn jetzt sehen. Diamanten waren es auch, kleine Industrie-Diamanten und riesige auserlesene Edelsteine, die mitgeholfen haben, gegen den Westen gerichtete Aufstände zu finanzieren, sei es in Griechenland, im Libanon, in Syrien, Algerien, im Fernen Osten oder an einem Dutzend anderer Stellen der Welt, wo heute Unruheherde auflodern.«

Während Gold als Gabe des Sonnengottes und Diamanten als zur Erde gefallene Sterne galten, wurde Silber mit dem Mond und den Mond-Göttern in Verbindung gebracht. In Ägypten hielt man in der Zeit des Alten Reiches Silber zeitweise für wertvoller als Gold, da es damals seltener war. Es ist nach seinem Atomgewicht leichter als Gold und zeigt eine weit geringere Resistenz gegenüber Chemikalien. Aber trotz seiner leichteren Reaktionsfähigkeit kommt es in der Natur rein vor. Diese natürlichen Vorkommen bestehen gewöhnlich aus stark verzerrten, drahtförmigen Stücken oder aus zarten Kristallskeletten. Viel häufiger erscheint Silber aber in Verbindungen und ist oft nur eine Beimengung in einem im übrigen fast wertlosen Erz.

Zur Gewinnung von etwa 60 Gramm Reinmetall gräbt der Mensch 1200 Meter unter der Erde eine Tonne Erz aus. Und doch lohnt sich die Mühe, denn Silber ist für uns unentbehrlich. Es wirkt mit, wenn wir Sonnenlicht in Strom verwandeln, wenn wir fotografieren, wenn Düsentriebwerke laufen, Computer rechnen, Autos anspringen. Mit seiner Hilfe schließen wir Punktionsöffnungen in der Schädeldecke, und mit Silber bezahlen wir unser tägliches Brot.

Was Silberverbindungen gegen Bakterien vermögen, ist fast ebenso bemerkenswert wie ihre Reaktion auf Licht in fotografischen Prozessen. Ein Teil einer Silberverbindung in einem Filtersystem tötet – ohne Schaden für Mensch und Tier – die Keime in 10 Millionen Teilen Wasser ab. So kann man mit einem Teelöffel Silber 260 Millionen Hektoliter reinigen – zehnmal

Ein Köhler entdeckte die vermutlich größten russischen Smaragde

Als er Holz für seinen Meiler suchte, fand ein Köhler im Wald Jekaterinenburgs riesige Smaragde. Die wertvollen Steine hatten eine Länge von 40 Zentimetern und eine Breite von 25 Zentimetern. Die Smaragdriesen wurden später zu Schmucksteinen verschliffen.

Olivin – Bestandteil von Basaltsäulen.
Nur selten kristallisiert Olivin so groß. Dieser Kristall wuchs in einer Vesuv-Bombe.
Italien – 17 x 17 mm.

Limonit – Stalagtiten.
In Gesteinshohlräumen kristallisiert dieses Eisenoxid in winzigen Radialstrahlen. Westerwald, BRD – 62 x 50 mm (oben).

mehr als mit Chlor. Auch in dem von der NASA geplanten Raumtransporter soll das Wasser mit Hilfe von Silber gereinigt werden. Neugeborenen träufelt der Arzt einprozentige Silbernitratlösung in die Augen – zur Vorbeugung gegen Infektionen, die unter Umständen zu Blindheit führen. Ferner behandelt man neuerdings Verbrennungen mit Silberfolien, die Infektionen verhindern, ohne die Heilung zu beeinträchtigen. In der Chirurgie werden Wunden mit Silberfäden vernäht, Knochen mit Silberband zusammengehalten, Schädelstücke durch Silberplatten er-

Je wertvoller die Krone, um so größer ihr geheimer Zauber.

setzt. 1979 sind in der freien Welt 6 076 Tonnen Silber gefördert und über 13 417 Tonnen verbraucht worden. Der Differenzbetrag zwischen Förderung und Verbrauch wird durch Rückgewinnung des Silbers gedeckt. So entzieht man z. B. den verbrauchten fotochemischen Lösungen die Silbersalze, die aus Film und Fotopapier herausgelöst wurden. Auf dieses Recycling hat sich eine eigene »Industrie« spezialisiert.
Zwar steigt die Nachfrage nach Silber, doch sind nach Ansicht der Geologen alle Lagerstätten entdeckt. Hauptabbaustätte in den Vereinigten Staaten und eines der größten Silberproduktionsgebiete der Welt ist Cœur d'Alene in Idaho.

In seiner Geschichte der europäischen Kronjuwelen nennt Lord Twinning über 600 Kronen, 187 Zepter, 98 Reichsäpfel und 187 Zeremonienschwerter. Im Jahre 1967 haben die Designer und Goldschmiede der Pariser Firma Van Cleef & Arpels die bisher letzte Krone für eine Kaiserin geschaffen, für Farah Diba, die erste und letzte Kaiserin des Iran. Doch damit ist die Ge-

Die großen Diamanten:

Excelsior, der zweitgrößte aller Diamanten: Er hatte 995,2 Karat und wurde 1893 in der Jagersfonteinmine in Südafrika von einem Kaffern gefunden. Der Neger erhielt als Belohnung 500 Pfund Sterling, ein Pferd samt Sattel und Zaumzeug. Der Excelsior wurde zu 21 Steinen im Einzelgewicht von 69,8 Karat bis zu zwei Karat verschliffen.
Großmogul, 787,5 Karat, im 17. Jahrhundert in Indien gefunden.
Woyie River oder Victory, 770 Karat, 1945 in Sierra Leone gefunden.
Präsident Vargas, ein Diamant mit einem Rohgewicht von 726,6 Karat, wurde 1938 von einem armen Schürfer an einem Fluß in Brasilien gefunden. Der Stein wurde in die USA verkauft. Sein Schliff ergab 29 Diamanten.
Der Jonker, ein südafrikanischer Diamant von prächtig blau-weißer Farbe, wurde mit einem Rohgewicht von 726 Karat von Jakobus Jonker, einem verarmten Schürfer, gefunden. Der Schliff ergab zwölf schöne Steine, der größte davon, der »Jonker-Diamant-Nr.-1«, wiegt knapp 143 Karat.
Jubilee, 650,8 Karat, 1895 in Südafrika;
Regent, 410 Karat, 1701 in Indien;
Nizam, 440 oder 340 Karat, in Indien um 1835;
Red Cross, etwa 370 Karat, in Südafrika um 1918;
Orloff, etwa 300 Karat, in Indien im 17. Jahrhundert;
Stewart, 296 Karat, 1872 in Südafrika;
Tiffany, 287,42 Karat, 1887 in Südafrika gefunden.
Der Stern des Südens wurde 1853 von einem Negersklaven in Minas-Gerais gefunden. Der Diamant wurde in Amsterdam geschliffen und vom Geakwar von Baroda erworben.
Liberator, 155 Karat, 1942 in Venezuela;
Colenso, 133,1 Karat 1887 in Südafrika;
Englisch Dresden, 119,5 Karat, 1857 in Brasilien gefunden.
Darya-i-Nur, ein indischer Diamant mit 186 Karat, gehörte einstmals zu den größten Schätzen des Orients. Der Name bedeutet Meer des Lichts.
Ebenso staunten die Europäer über den Tay.-e-mah, die Krone des Mondes, mit 146 Karat.
Der Florentiner-Diamant, hat wie kaum ein anderer Edelstein, die europäische Geschichte beeinflußt. Er hat 137,27 Karat und befindet sich in der österreichischen Krone. Historiker vermuten, daß der Florentiner zu den drei Diamanten gehört, die Karl der Kühne von Burgund in der Schlacht von Grandson 1476 verlor. Er war der größte dieser Steine, so kostbar wie eine Provinz. Ein Schweizer fand ihn in einem Kästchen zusammen mit einer ebenso kostbaren Perle und verkaufte ihn, seinen Wert nicht ahnend, für nur einen Gulden: Später landete der Stein in dem Besitz der Großherzöge von Toskana. Nach dem Erlöschen des Medici-Geschlechts gelangte der Diamant über Franz Stefan von Lothringen in den Besitz Maria Theresias.
Kohinoor, 1304 in Indien;
Stern des Ostens, in Indien im 19. Jahrhundert gefunden.
Der Akbah Shah, ein indischer Diamant mit etwa 74 Karat, wurde nach seinem ersten Besitzer dem Großmogul Akbah genannt. Der Stein trug zwei Inschriften sowie die Jahreszahlen von 1650 und 1661. Der Diamant ging nach dem Tod des Großmoguls verloren, tauchte jedoch später in der Türkei wieder auf.

Eisenkiesel auf Hämatitglasköpfen.
Eine typische Kombination von Mineralien aus Cumberland, Großbritannien. 105 x 57 mm.

schichte der Kronen keineswegs beendet. Noch 1977 ließ sich Kaiser Bokassa, damals Herrscher über die Zentralafrikanische Republik, ein Symbol seiner Macht und Verschwendungssucht bauen. Dieser Drang zur Größe mit Gold, Diamanten, Saphiren, Rubinen und Smaragden ist fast allen Kulturen eigen. Die russische Zarenkrone beispielsweise trägt fast 5 000 Brillanten, 75 Riesenperlen und einen beinahe 400 Karat schweren Rubin. Je wertvoller die Krone, um so größer der Zauber, der in ihr steckt. Nur so ist zu verstehen, daß lange Kriege um den Besitz von Kronen und ihre Juwelen entbrannten.

Zu allen Zeiten haben Edelsteine die Menschen fasziniert. Sie waren Insignien von Macht und Würde, sprühten ihr Feuer von Kronen und Zeptern der Herrschergeschlechter. Ihretwegen wurden Kriege geführt und Reiche zerstört. Wer Gold und Juwelen anhäufen konnte, hatte auch die Macht – und besaß in der Regel auch die Gunst schöner Frauen.

Edelsteine für die Ehefrauen. Ein »Rezept« aus dem alten Rom.

Mit Edelsteinen pflegten sich die alten Römer auszulösen, wenn sie bei Freunden in Schuld standen. Kaiser Nero beispielsweise konfiszierte einfach die Vermögen reicher Bürger, wenn er knapp bei Kasse war – und das war er praktisch immer. Römische Ehemänner versöhnten ihre vernachlässigten Ehefrauen mit Edelsteinen. Auf diese Weise, so berichtet der Schriftsteller Plinius, büßte mancher Springinsfeld sein väterliches Erbteil ein. Für die Frauen soll das eine ausgezeichnete Altersversorgung gewesen sein. Spätere Generationen erinnerten sich gern an den Brauch aus der Antike. Philipp II. von Spanien, der Vater von Don Carlos, schickte seiner Gattin eine

Schüssel mit Rohkost, als ihn sein Gewissen allzusehr plagte: Grüne Smaragde waren die Blätter, und angemacht und abgeschmeckt war der Edelsteinsalat mit Perlen, Topasen und Rubinen.

Von allen Edelsteinen war der Rubin viele Jahrhunderte lang der begehrteste. Seine herrliche Farbe wechselt je nach dem Einfallswinkel des Lichtes von Purpurrot zu Orangerot. Am seltensten ist die als Taubenblut bezeichnete Farbvarietät. Steine von mehr als 10 Karat sind eine Ausnahme und erreichen schwindelerregende Preise. Bereits im 16. Jahrhundert wurden Rubine doppelt so hoch wie Smaragde und achtmal so hoch wie Diamanten bewertet. Die besten Steine stammen aus Mogok in Burma. Im Jahre 1890 wurden die bisher größten Rohsteine gefunden mit 400 und 304 Karat. Einige wertvolle Rubine kommen auch aus den Seifenlagerstätten von Ceylon. Zwei außergewöhnlich große und wertvolle Sternrubine sind in amerikanischen Sammlungen, der Rosserruby (138,7 Karat) und der Delongstarruby (100 Karat).

Einer Spur von Chromoxid, das einst bei der Kristallisation des Rubins im Kristallgitter eingebaut wurde, verdankt dieser Edelstein seine leuchtend rote Farbe und sei-

Das Huhn, das Gold im Magen hatte

Bei Kremnitz in der Slowakei gibt es einen Berg, der heißt »Die volle Henne«. Dort gab es viele Schächte, aus denen man ehemals viel Gold förderte. Den Goldschatz entdeckten die Menschen jedoch erst durch ein Huhn. Als man es schlachtete, fand der Bauer in seinem Magen Goldkörner. Wo das Tier gefressen hatte, grub man einen Stollen und fand das wertvolle Metall.
Nach einem Lesebuchtext.

Smithsonit, ein Zinkkarbonat auf Muttergestein.
Der seitliche Kristall wuchs als seltener Doppelender. Tsumeb, SWA/Namibia – 22 x 14 mm.

ne außergewöhnliche Seltenheit. Einschluß- und rißfreie Rubine sind äußerst selten, fast immer enthalten sie fremde Kriställchen, aus deren Natur der Gemmologe seine Rückschlüsse zu ziehen vermag. Ganz typisch ist die sogenannte »Seide«, ein silbrig glänzendes, zartes Gewebe feinster Rutil-Nädelchen, das bei rundlich geschliffenen Rubinen an der Oberfläche zu einem sternförmigen Lichtspiel führen kann.

Rubin und Saphir sind Farbvarietäten des Minerals Korund; chemisch gesehen sind beide einfaches Aluminiumoxid. Es gibt Saphire in einer Vielzahl prächtiger Farben, die meistverbreitete und bekannteste Farbe ist jedoch das Blau, von dem wiederum das satte Kornblumenblau das weitaus begehrteste, seltenste und kostbarste ist.

Der einzige Unterschied zwischen Rubin und Saphir ist also die Farbe. Ist Chromoxid beim Rubin ursächlich für dessen Rot-Abstufungen, so sind Titan- und Eisenoxid verantwortlich für die unzähligen Blauvarianten der Saphire. Die größere Häufigkeit des Saphirvorkommens erklärt sich daraus, daß Eisen und Titan auch in normalem Gestein häufiger vorkommen als Chrom. Ansonsten aber teilt der Saphir die adelnden Eigenschaften seiner Brüder, insbesondere seine

Fast so wertvoll wie ein Diamant: der Smaragd-Kristall.

Härte 9, die seine Widerstandsfähigkeit begründet. Auch Saphire werden, wie Rubine, von ihren Einschlüssen geprägt, ebenso ist die Ausbildung von Sternsteinen häufig und typisch.

Saphirvorkommen befinden sich in Ceylon, Burma, Thailand, Tansania, Kambodscha, Australien und in den USA. Wie beim Rubin sind auch beim Saphir bestimmte Blautöne typisch für bestimmte Fundstätten. Dennoch sind die an geographische Begriffe gebundenen Farbbezeichnungen, wie etwa Burmasaphir, eher irreführend als zuverlässig für ihre Herkunft, weil die typische Burmafarbe eben außer in Burma auch an anderen Fundorten vorkommt.

Saphire werden bereits seit dem Altertum gesammelt und verehrt, Kronschätze wetteiferten um ihren Besitz, und sogar die christliche Kirche gab in Form einer päpstlichen Bulle ihren Segen zur allgemeinen Verehrung der blauen Edelsteine. Papst Innozenz III. verfügte nämlich, jeder Bischof und Kardinal habe an der rechten, der segnenden Hand, einen Saphir zu tragen.

Der Lieblingsstein von Johann Wolfgang von Goethe war ein Smaragd. Die Ägypter, die diesen grünen, durchsichtigen Stein schon 2 000 Jahre vor Christus am Djebel Sikait nahe dem Roten Meer aus-

Schrifterz – ein seltenes Silber-Gold-Tellurid.
Wie Schriftzeichen entwickelt sich die Skelettstruktur des Kristalls von Sylvanit. Rumänien – 8 x 7 mm.

gruben, bezeichneten ihn als den Stein der Liebenden, dem besonders magische Kräfte zu eigen sein sollen. Der Komponist Johann Sebastian Bach trug zu Hause eine Kette von funkelnden Smaragden, Gina Lollobrigida und Ex-Kaiserin Soraya tragen ihn als Glücksstein.

Der Smaragd ist der wertvollste Stein unter den Beryllen und kommt an Wert dem Diamanten und dem Rubin gleich. Es gibt alle Zwischenstufen von einem lichten bis zum tiefen Smaragdgrün. Weniger wertvoll sind gelbgrüne, grasgrüne und graugrüne Steine. Vollkommene Smaragde zeigen keinerlei Einschlüsse und Risse. Kleinere Risse mit Flüssigkeitstropfen werden nicht als Fehler bewertet, solange sie nicht erheblich die Durchsichtigkeit stören. Wie auch der Rubin verdankt der Smaragd seine Farbe geringen Beimengungen von Chromoxid, nur färbt ihn dieses grün.

Der Smaragd wird in verschiedenen Schliffarten angeboten. Rissige Steine werden zu Kugeln für Halsketten geschliffen. Auch eignet sich der Smaragd zum Schneiden von Gravuren. Schönheit und Tiefe der Farben bestimmen neben Reinheit den Wert eines Smaragdes. Ein besonders großer Stein von 2 205 Karat befindet sich in der Schatzkammer in Wien. Die Peruaner verehrten einen Smaragd in der Größe eines Straußeneies als Gottheit.

Kolumbien hat die bedeutendsten Smaragdvorkommen. Weitere Lagerstätten liegen im Ural, in Nordtransvaal und Indien. Brasilianische Fundstellen sind vergleichsweise unbedeutend. Auch die Smaragdgruben der Kleopatra in Oberägypten besitzen heute nur noch historisches Interesse. Eine berühmte Fundstelle ist auch das Habachtal in den Salzburger Alpen.

Schon im Altertum galt der Smaragd als besonders wertvoll. Wenn allerdings von »Säulen aus Smaragd« berichtet wurde, handelte es sich vermutlich um Säulen aus Malachit, einem grünen Kupferkarbonat. Plinius erzählt, daß Kaiser Nero die Kampfspiele durch einen Smaragd betrachtet habe – nicht aus Größenwahn, sondern aus Kurzsichtigkeit. Der Smaragd ist eine Farbvarietät des Beryll, und aus dem lateinischen Wort Berillus könnte »Brille« entstanden sein. Sagenhaft ist der Ruf der sogenannten Andenkrone, die indessen erst in der spanischen Zeit entstand. Dieses Prunkstück aus reinem Inkagold enthält insgesamt 400 geschliffene Smaragde. Es besteht aus einem durchbrochenen Reif mit acht Bügeln und ist mit eng verflochtenen Ranken verziert, in die Smaragde mit Tafelschliff eingesetzt sind. An der Basis sind ebenfalls acht große Smaragde in gleichen Abständen gefaßt, und die Bügel sind von einer durchbrochenen Kugel gekrönt, auf der ein mit Smaragden geschmücktes Kreuz steht.

Türme aus Wavellit.
Untypisch wuchsen diese Kristalle in die Höhe, während sie sonst dünne Strahlen bilden. Pennsylvania, USA – 25 x 25 mm.

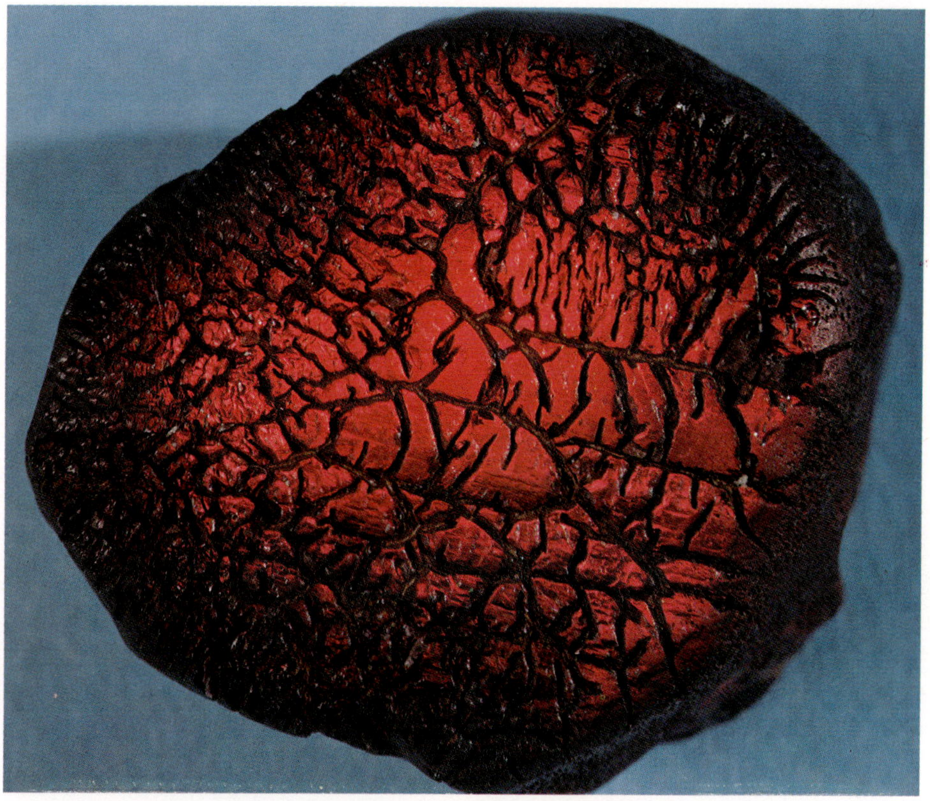

Granat, gesuchter Edelstein.
Als Karfunkelstein spielte er in Sagen und Märchen eine mystische und magische Rolle. Tansania – 20 x 23 mm.

Pyramidale Kristalle von Mimetesit. ▷
Durch abwechselndes Wachstum von Prismen- und Pyramiden-Flächen entstehen diese Kristalle von Tsumeb, SWA. 8 x 12 mm.

Nadeliges Phosphat mit Kalcium und Zink.
Seltene Kristalle von Scholzit aus Reaphook-Hill in Südaustralien. 34 x 25 mm.

Topas – trotz Größe und Farbe nicht schleifwürdig.
Sprünge und Einschlüsse »degradieren« den Stein zum Sammlerobjekt. Minas-Gerais, Brasilien – 70 x 70 mm (oben).

Liebhaberschätzwert: 10 000 Mark.
Sehr seltener Fluorit in Oktaedern aus den Schweizer Alpen. Größe, Farbe und Form bestimmen seinen Wert. 52 x 64 mm.

Ein Indiz für Uran im Gestein: Torbernit.
Das Mineral entstand als Oxidationsprodukt von Uranmineralien. Allier, Frankreich – 10 x 12 mm.

Grün ist die häufigste Farbe des Turmalins.
Es werden aber auch blaue, rote und schwarze Steine verarbeitet. Minas Gerais, Brasilien – 45 x 54 mm.

Außerordentlich selten: Raspit, ein Bleiwolframat.
Außer in Broken Hill, Australien, kommt dieser Kristall in nur wenigen Lagerstätten vor. 3,5 x 2,5 mm (oben).

Als Polianit bezeichnet man diesen Pyrolusit. Gewöhnlich kommt das Mineral jedoch nicht in so glänzenden Kristallen vor. Roßbach, Westerwald, BRD – 26x31 mm.

Würfeliger Bleiglanz zusammen mit Calcit auf einer Stufe.
Nur ein Beispiel von der Schönheit der Minerale aus dem Tri States District in den USA. 110 x 100 mm.

Einer der häufigsten »Würfelzeolithe« ist Chabasit.
Der Kristall ist in basaltischen Gesteinen verbreitet. Ober-Widdersheim, BRD – 10 x 10 mm.

Wüstenrose.
Nicht zu Unrecht vergleichen die Wüstenbewohner diese Gipskristalle mit der Königin der Blumen. Sahara – 60 x 76 mm.

Perfekte Kristalle des Smithsonit sind selten.
Diese wertvolle Stufe wurde in Tsumeb, Südwestafrika, gefunden. 16 x 19 mm (oben).

Gitterbleierz.
So nennen die Bergleute diese typische Ausbildungsart von Cerussit. Tsumeb, SWA/Namibia – 70 x 49 mm.

WER EINMAL ZU DEN STEINEN GREIFT...

...den lassen sie nicht mehr los. Mineraliensammeln ist jedoch mehr als Spazierengehen. Es erfordert neben Begeisterung auch Gespür und einen sicheren Blick. Kristallstufen und Mineralien gibt es fast überall – nicht nur in den Alpen oder fernen Erdteilen. Oft muß man sich nur bücken.

Ein wenig sonderbar mag die Leidenschaft erscheinen, die einer zwar oft glänzenden und funkelnden, aber doch letztlich unbelebten Materie gilt. Was mag einen Menschen dazu bringen, Steine in kleine Schachteln zu tun, Steinbrocken in Regalen und Fächern aufzuschichten, zu sammeln, stolz vorzuzeigen und sich in langen Stunden an der bunten Sammlung zu erfreuen? Echtes wissenschaftliches Interesse, gezielte Forschung ist nur in einigen Fällen die treibende Kraft für Maß und Ausmaß dieser Liebhaberei.

Wer je einen »Strahler«, einen Mineraliensucher, gesprochen hat und zusehen konnte, wie er sein Werkzeug, Hammer und Meißel, mit aufgeregten Händen in den Rucksack verstaut, weil es ihn wieder gepackt hat, das Kristallfieber, der ahnt, was dem Mann die in versteckten Felsspalten oder in sog. Drusen eingeschlossenen Kristalle, was ihm Dolomit und Rutil, Tremolit und Turmalin oder eine Kobaltblüte bedeuten: Stein in strahlendster Form, Schätze der Tiefe, der Abgründe, die im Dunkel der Zeit gewachsen sind. Ein Strahler weiß: Unter der Erde hat das Märchen noch ein Reich. Allerdings: Wirklich schöne Minerale sind seltener als kostbare Orchideen. Lange behielt die Erde das farbenprächtige Geheimnis für sich, jetzt fördern wissenschaftliche Neugier und Sammelleidenschaft ständig neue »Variationen in Stein« zutage. Eine neue Stein-Zeit hat begonnen, genährt von der Sehnsucht nach dem kalten Glühen glitzernder Kristalle. Kristalljäger aus aller Welt bevölkern mit Pickel, Hammer und Meißel Geröllhalden und Felsklüfte, verlassene Steinbrüche, Bergwerksstollen und dunkle Höhlen, um nach Glimmer und Granat, Bleiglanz und Quarz, Eisenspat und Malachit zu graben. Wer Edelsteine und Mineralien sammelt, geht einen besonderen Weg, sich der Natur der Dinge zu nähern. Er hat es nicht mit den Zeugnissen menschlicher Kultur zu tun, sondern unmittelbar mit den Zeugnissen der Schöpfung, durch menschliche Kultur erschlossen und ausgewertet. Es ist, das darf man getrost zugeben, eine anspruchsvolle Liebhaberei. Edelsteine und Mineralien sammelt man nicht gelegentlich wie Bierdeckel, Autogramme oder Streichholzschachteln. Nun wird mancher glauben, es sei ungemein schwierig, etwas so Seltenes und Geheimnisvolles wie Kristalle in unserer Landschaft zu finden; dafür müsse man nach Südafrika, Brasilien, Mexiko oder Ceylon fliegen. Gewiß kommt von dort und auch aus anderen Teilen der Welt die Masse der Edel- und Schmucksteine, und Norddeutschland z. B. ist nicht gerade ein Dorado für Sammler von großen, gut ausgebildeten Kristallstufen. Andererseits gibt es auch bei uns unglaubliche Mengen interessanter und schöner Mineralien zu finden. Sie liegen buchstäblich unter unseren Füßen, und wer die Augen aufmacht, der kann im Laufe eines Sommers allein von seinen Wochenendausflügen eine prächtige Grundlage für eine Mineraliensammlung zusammentragen, in der sich auch Vertreter aus dem Reich der Schmucksteine finden.

Der Mineraliensammler – ein moderner Stein-Zeit-Mensch.

Man fragt sich allerdings immer wieder, wie wohl die Menschen vor Tausenden von Jahren die mineralischen Rohstoffe aufgespürt haben. Schriftliche Mitteilungen über die Methoden zur Mineraliensuche gibt es erst seit den umfassenden Studien und Veröffentlichungen des sächsischen Arztes Georg Bauer, genannt Georgius Agricola. Er widmete sich insbesondere ab 1531 der Bergbaukunde und legte seine Beobachtungen in einem reich illustrierten lateinischen Werk »De Re Metallica«, vom Reiche der Metalle nieder, das nach seinem Tod erst 1556 in Basel erschien. Die Titelseite lautet übersetzt: »Zwölf Bücher vom Berg- und Hüttenwesen«, in denen die Ämter, Instrumente, Maschinen und alle Dinge, die zum Berg- und Hüttenwesen gehören, nicht nur aufs deutlichste beschrieben, sondern auch durch Abbildungen, unter Angabe der lateinischen Bezeichnungen, aufs klarste vor Augen gestellt werden. Aber lassen wir Agricola selbst berichten:

Für solche Einkristalle muß man nach Mexiko.
Das magnetische Eisensulfid Pyrrhotin zeigt seine typische Faßform. Chihuahua – 14x16 mm.

Mineraliensammler an einer Fundstelle.
Spektakuläre Funde locken gleich scharenweise Sammler an. Da wird jeder Quadratmeter zum Einmann-Bergwerk (oben).

Steno und Hauy und die Flächenwinkel der Kristalle

Nicolaus Steno (1638–1688) fand bei der Untersuchung von Quarzkristallen zwischen gleichen Flächen immer wieder gleichgroße Winkel – trotz unterschiedlicher Fundorte. Daraus schloß er, daß dieser äußeren Regelmäßigkeit ein inneres Ordnungsprinzip zugrunde liegen mußte. Doch erst dem berühmten französischen Mineralogen René Just Hauy gelang es, 1870 diese Vermutung praktisch zu beweisen. Beim Betrachten der Kristallsammlung eines Freundes fiel ihm ein langgestreckt-prismatischer Calcit-Kristall auf den Boden und zerbrach in Tausende von kleinen und kleinsten Stücken. Hauy erkannte beim genaueren Hinsehen, daß alle Bruchstücke kleine Rhomboeder waren, Miniaturen des ursprünglichen Kristalls mit immer gleichen Flächenwin-

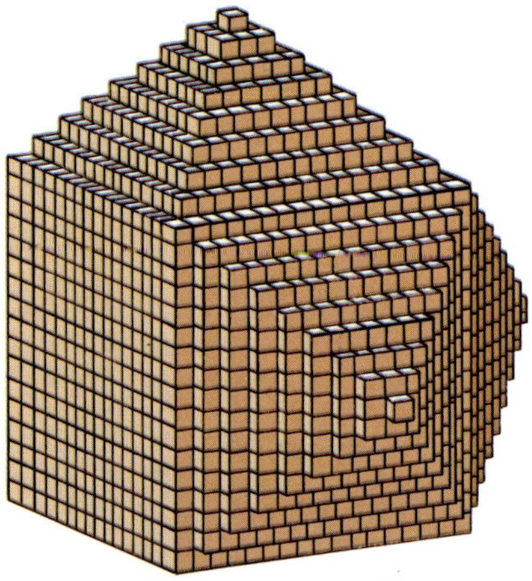

keln. Er führte die Teilung des Kristalls in immer kleinere Einheiten weiter – bis in den submikroskopischen Bereich. Seine große Leistung bestand darin, daß er erkannte, daß sich das allerkleinste Teilchen nur chemisch zerlegen läßt. Dieses kleinste Kristallbauteil, das noch die Ordnung des Kristalls hat, nannte er »Spaltungskern«. Heute entspricht er der sogenannten Elementarzelle der Kristalle.

»Der Naturgewalten, die ohne des Menschen Zutun und Arbeit die Gänge entblößen, gibt es mehrere: Entweder wäscht ein Gießbach die Decke weg, wie bei den Silbergängen zu Freiberg, oder die Kraft des Windes reißt Bäume, die über den Gängen wachsen, mit den Wurzeln aus; oder ein langanhaltender starker Regen, ein Erdbeben, ein Blitzschlag, eine Schneelawine, ein heftiger Sturm brechen einen Felsblock los.

Auch das Pflügen kann Gänge freilegen; so berichtet Justinus, daß in Galecia Goldkörner durch den Pflug herausgeworfen worden seien. Ferner kann ein Waldbrand die Ursache sein, wie nach des Diodorus Siculus' Bericht bei den spanischen Silbergängen; und treffend ist jene Bemerkung des Posidonius, daß neue Keime, nämlich Silber- und Goldgruben, aus den Flammen sprossen, in denen die Wälder verbrannten.

Endlich kann auch irgendeine andere Ursache Gänge erschließen; so hat ein Pferd, wenn man der Erzählung glauben darf, das Bleierz bei Goslar durch den Huf bloßgelegt. Auf solcherlei Weise schenkt uns ein glücklicher Zufall die Erzgänge.

Die verborgenen und tiefgelegenen Erzgänge aber suchen wir mit Hilfe von Kunstregeln auf, und zwar richten wir unser Augenmerk in erster Linie auf die sprudelnden Wasser der Quellen, die von den Gängen weit entfernt sein können, da das Wasser ihren Spalten entspringt. Zweitens achten wir auf die Ganggeschiebe, die ein Wildbach aus dem Boden wühlt, die aber nach geraumer Zeit zum Teil wieder von Erde bedeckt werden. Sobald solche Geschiebe auf der Erde obenauf liegen oder glatt sind, sind die Gänge meist weiter entfernt, da der Wildbach sie weit von den Gängen weggeführt und sie beim Vorwärtstreiben abgeschliffen hat. Sobald sie im Boden stekken oder rauh sind, sind sie den Gängen näher. Auch die Bodenverhältnisse sind zu berücksichtigen, denn sie sind die Ursache dafür, daß sowohl die Gänge mehr oder weniger von Erde bedeckt als auch die Geschiebe weit oder weniger weit fortgewälzt worden sind. Die Gänge, die auf diese Weise gefunden werden, pflegen die Bergleute Geschiebegänge zu nennen.

Ferner achten wir beim Aufsuchen von Gängen auf den Reif, von dem alle Gräser weiß werden mit Ausnahme der über den Gängen

Die Silbergeier von Brixlegg

Einst horstete an hoher Felswand am Sonnwendjoch ein raubsüchtiges Geierpaar, das die ganze Umgebung unsicher machte. Deshalb erklomm ein junger Jäger die steile Felswand, um die Geierbrut zu vernichten. Doch der Jäger war überrascht, als er neben den Nestlingen einen Schatz von funkelnden wertvollen Steinen entdeckte. Die Geier

hatten die blitzenden Brocken ihren Kindern als Spielzeug mitgebracht. Der Jäger verfolgte den Flug der Geier und entdeckte die reichen Silbererzgänge am Thierberg und auf der Holzalpe südlich von Brixlegg in Tirol.
Nach einer zeitgenössischen Überlieferung.

wachsenden. Denn die Gänge strömen Wärme und Trockenheit aus, die das Bereifen des feuchten Grases verhindern, und daher sind solche Gräser mehr feucht vom Wasser als weiß vom Reif. Dies kann man an allen kalten Orten wahrnehmen, bevor die Gräser ihre volle Größe erlangt haben, also in den Monaten April, Mai, oder nachdem das Grummet gemäht ist, also im September. Wo daher feuchte Gräser sich nicht mit Reif überziehen, da befindet sich ein Gang unter dem Rasen; und wenn dieser sehr viel Wärme ausströmt, so sind die Gräser klein und nicht von frischer Farbe. Schließlich muß man auf die Bäume achten, deren Blätter im Frühling bläulich oder bleifarben sind, deren Zweigspitzen vornehmlich schwärzlich oder sonst unnatürlich gefärbt sind, deren Stamm- und Astholz schwarz oder bunt ist. Diese Erscheinungen werden durch sehr warme und trockene Ausströmungen hervorgerufen. Auch die Wurzeln werden von ihnen nicht verschont, sondern ausgedörrt und stark angegriffen; daher vernichtet der Wind solche Bäume häufiger als andere. Die Ausströmungen stammen aber von den Gängen. Wenn also irgendwo viele Bäume in einer langen Reihe zu ungewöhnlicher Zeit ihre Frische verlieren und schwarz oder bunt werden, auch durch den Sturm zu Fall gebracht werden, da ist ein Gang verborgen. Es wächst auch auf einer Linie, in der sich ein Gang erstreckt, ein gewisses Kraut oder eine gewisse Pilzart; sie fehlen über den Zwischenmitteln und manchmal auch über anderen eher nahegelegenen Gängen. Dies sind die Hilfsmittel der Natur, durch die Gänge gefunden werden können.«

Damit spricht Agricola eine schon damals weit bekannte Erscheinung an, nämlich die Beeinflussung der Vegetation durch manche Erze. Als oft genanntes Beispiel gilt das gelbe Galmei-Veilchen, das auf den zutage tretenden Zinkerz-Lagerstätten wächst. Salzlagerstätten sollen mit dem häufigen Auftreten von Milchkraut verknüpft sein. Serpentingesteine mit Chromerzen oder Magnesit sollen kahl bleiben oder allenfalls Kiefern tragen, während die benachbarten anderen Gesteins- und Bodenarten auch Fichten gedeihen lassen.

Pyritkristalle, radialstrahlig gewachsen.
Die Pfannkuchenform der Pyrit-Stufe gibt die Gestalt der Kluft exakt wieder. 50 x 50 mm.

Sammler zahlen Unsummen für solch schöne Stücke.
Epidot-Kristall auf Amiant-Asbest aus der Knappenwand. Untersulzbachtal, Österreich – 65 x 71 mm.

Terlinguait, ein seltenes Quecksilbererz. ▷
Es wurde nach seinem Fundort, Terlingua, Texas, USA, benannt.

Selten: Pyrit in parallel verwachsenen Oktaedern.
Gefunden wurde dieses Stück in der Grube Friedrich Wilhelm bei Herdorf, BRD. 10 x 17 mm.

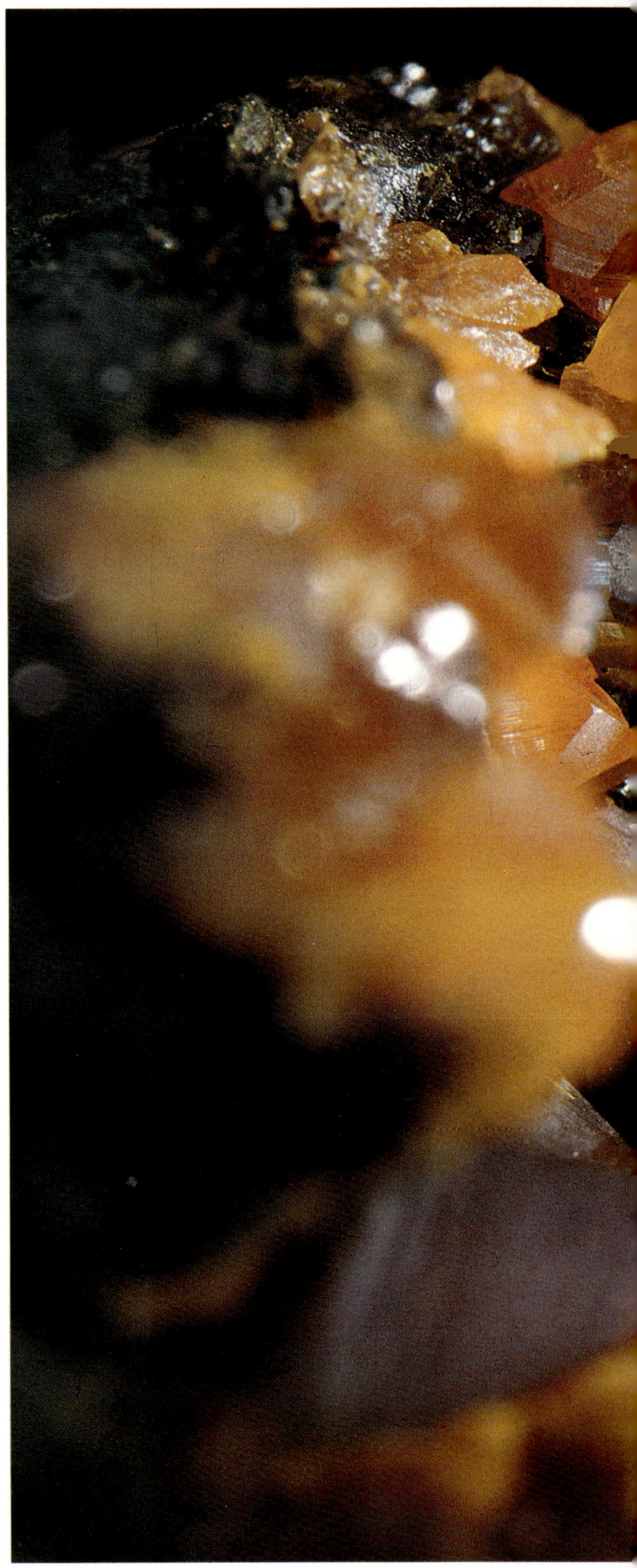

Diamant-Oktaeder, die typische Kristallform.
Ganz deutlich sind die Wachstums- oder Ätzerscheinungen, die Trigonen, zu sehen. Kimberley, Südafrika – 14 x 10 mm.

Prunkstück der Ecole des Mines in Paris.
Sternförmiger Cumengeit, ein Kristall aus Boleo, Mexiko. Er kommt nur in trockenen Gebieten vor. 25 x 25 mm (oben).

Bildet faustgroße Kristalle: Auripigment.
Das Arsensulfid wird beim Erhitzen rot. Fundgebiet dieser Stufe: Tekab, Iran. 19 x 24 mm.

Ordnungssystem der Mineralien

Aristoteles ordnete die Kristalle noch nach Kriterien, wie leicht man sie bearbeiten konnte, wie zerbrechlich, wie brennbar sie waren sowie nach ihrer Metallartigkeit und ihrer Bedeutung als Schmuck. Das mag für die Menschen der Antike genügt haben – sie kannten nur 60 Kristallarten.
Heute sind fünfzig mal so viel Minerale bekannt und in jedem Jahr werden 50 bis 70 neue Mineralien entdeckt. Diese unüberblickbare Zahl mit ihrem gewaltigen Farben- und Formenreichtum mußte überschaubar gegliedert werden. Mineralogen teilten deshalb die Minerale in neun Klassen ein, denen kristallchemische Kriterien zugrunde liegen. Chemische Zusammensetzung und Struktur des Kristalls sind danach maßgebend.
So gehören alle Elemente, die in der Natur in reiner Form gefunden werden, zu einer Gruppe, z. B. Gold (Au) und der Diamant, der ausschließlich aus Kohlenstoff besteht. Die anderen, chemisch komplizierteren Mineralien wurden den restlichen acht Gruppen zugeordnet.

Die Sulfide

$Cu_2 S$ = Kupferglanz

$Pb S$ = Bleiglanz

Die Halogenide

$Na Cl$ = Steinsalz, Halit

$Ca F_2$ = Flußspat

Die Oxide und Hydroxide

Fe_2O_3 = Hämatit

$Si O_2$ = Quarz

Die Carbonate, Nitrate und Borate

$Ca CO_3$ = Kalkspat

Die Sulfate, Chromate, Molybdate und Wolframate

$Ba (SO_4)$ = Baryt

Die Phosphate, Arsenate und Vanadate

$Fe_3 (PO_4)_2 \cdot 8 H_2O$ = Vivianit

Die Silikate

$Mg, Fe)_2 (SiO_4)$ = Olivin

$Al_2 Be_2 (SiO_{18})$ = Beryll

$Na (Li, Al)_3 Al_6 (OH)_4 (BO_3)_{32}$

$Si_6 O_{18}$ = Turmalin

Die Organischen Verbindungen

$Ca (C_2O_4) \cdot H_2O$ = Whewellit

ohne Formel = Bernstein

Man sieht, es gehört schon ein wenig Sachkenntnis dazu, an den richtigen Plätzen zu suchen, und die erste Voraussetzung dafür ist das Wissen um das Entstehen der Mineralien.

In den vorangangenen Kapiteln war schon wiederholt die Rede vom Magma, das aus der Tiefe heraufsteigt, abkühlt und zu festem Gestein erstarrt. Es war die Rede von den Sedimenten, die in Meeresbecken, Flüssen oder Gletschertälern abgelagert und irgendwann aufgefaltet werden oder in die Tiefe absinken und sich unter dem Einfluß großer Drucke und hoher Temperaturen in andere Gesteine verwandeln. Diese Prozesse können vielfältig ineinandergreifen. In aufgefaltete, rissig gewordene Sedimente kann Magma eindringen, das angrenzende Gestein aufschmelzen oder dies bei großer Hitze durch chemisch aktive Gase verändern. Magmen können sehr langsam in großer Tiefe unter hohem Druck abkühlen und erstarren oder an der Erdoberfläche sehr schnell erkalten und so bei der gleichen Zusammensetzung volkommen andere Gesteine bilden.

Der Schatz vom Zinggenstock: 50.000 Kilo Bergkristall.

Bei all diesen verzwickten Vorgängen entstehen Mineralien, nicht selten in herrlichen Kristallstufen. Meist wachsen sie im Erdinneren heran, ein Umstand, der das Mineraliensammeln zwar erheblich erschwert, der dem Sammler aber immer wieder neue Überraschungen beschert, weil ständig neu angelegte Steinbrüche oder andere »Aufschlüsse« neue Fundorte ans Tageslicht bringen.

Wo lassen sich also Mineralien erwarten? Oder anders formuliert: Wo können sie sich gebildet haben? Da ist zuerst einmal die magmatische Abfolge, wie der Geologe die Gesteinsbildung aus glutflüssiger Schmelze nennt. Kühlt ein Magmaherd aus, dann erstarrt er keineswegs gleichmäßig. Bei etwa 1100 °C scheiden sich kieselsäurearme Mineralien aus, z. B. Olivin und Augit. Nach und nach verfestigen sich auch die kieselsäurereicheren Minerale wie Feldspat und Glimmer und erst viel später, etwa bei 700 °C bis 500 °C, der Quarz. Spielt sich der Vorgang tief unter der Erde ab, dann geht die Abkühlung äußerst langsam vonstatten. Je nach Ausdehnung des Magmaherdes kann sie Jahrmillionen in Anspruch nehmen. Ein Jahrhundert mag vergehen, bis ein fünf Zentimeter langer Quarzkristall heranwächst. Besonders die zuerst ausgeschiedenen, basischen, d. h. kieselsäurearmen Minerale haben Zeit, schöne große und regelmäßige Kristalle aufzubauen. Die später erstarrenden Mineralien müssen mit den verbleibenden Zwischenräumen vorlieb nehmen und bilden in diesen kleinen Zwickeln kleinere, unregelmäßig begrenzte Kristalle.

Schon im Altertum zog das Feuer schöner Kristalle die Menschen in seinen Bann. Kaiser Augustus war von den geheimnisvollen Steinen so angetan, daß er einen etwa 150 Pfund schweren Bergkristall nach Rom schaffen ließ, der nach einem Bericht Pinius' des Jüngeren in den Alpen gefunden worden war. Der bisher größte Kristallfund wurde im Jahre 1719 gemacht, als man am Zinggenstock in den Schweizer Alpen eine riesige Kristallhöhle entdeckte, die rund 50 000 Kilogramm Bergkristall enthielt.

In der Sprache der Alpenbewohner heißen Bergkristalle »Strahlen«, und jene Männer, die solche Steine dem Fels entreißen, nennt man »Strahler«. Die Suche nach Kristallen ist meist nur eine mehr oder weniger einträgliche Nebenbeschäftigung, die aber mit ganzem Einsatz, mit Leidenschaft und Ausdauer seit Generationen betrieben wird. Erfolgreiche Strahler sind stets auch gute Naturbeobachter; sie müssen es sogar sein, sonst würden sie die von ei-

Brochantit – ein seltenes Kupfererz.
Die Kristalle sind richtungsorientiert auf einem Quarzrasen gewachsen. Das Mineral ist wasserlöslich. Mexiko, USA – 30 x 30 mm.

Der Kristall, der schlechte Säfte von den Augen zieht

Der Kristall entsteht aus bestimmten gefrorenen Wassern, die von schwärzlicher Farbe sind und von solcher Kälte, daß sie das Feuer von sich vertreiben. Wenn dann später die Wärme der Luft oder der Sonne dieses Wasser berührt, nimmt sie die dichte weiße Farbe, die der Klumpen noch hat, durch ihre Wärme weg, so daß er fast klar wird, ohne aber durch die Wärme aufgelöst zu werden. Die später einsetzende Kälte verdichtet den Klumpen immer mehr. So entsteht der Kristall und bleibt ein Kristall. Wem die Augen schwach geworden sind, erwärme den Kristall an der Sonne und lege den warmen Stein häufig auf seine Augen. Weil er vom Wasser stammt, zieht er die schlechten Säfte von den Augen ab; so wird der Kranke besser sehen.
Hildegard von Bingen, 1150.

Flußspat in ungewöhnlicher Form.
Außer den üblichen Würfelflächen: ein Rhombendokekaeder, ein Zwölfflächner. Mexiko – 40 x 44 mm.

nem Laien nicht erkennbaren Anzeichen der Mineralklüfte nicht entdecken und richtig deuten können. Unter Bergführern, Bergbauern und Berufsjägern waren stets die meisten Strahler zu finden Heute gehört das Strahlen zu den aktiven Freizeitbeschäftigungen, die sich wachsender Beliebtheit erfreuen. Ihre Hochkonjunktur verdanken die Kristalle vor allem der Tatsache, daß kein Stein, kein Kristall dem anderen gleicht, weder in der äußeren Form noch in der Farbe.

Quarz, Adular, Calcit, Albit, Chlorit, Apatit, Pyrit, Hämatit, Muskovit, Granat und Hornblende kann der kenntnisreiche Sonntagsgeologe im Alpenraum noch am ehesten finden. Eines der schönsten Mineralien der Alpen ist jedoch der glasklare Bergkristall, die wasserhelle Varietät des Quarz, von dem die alten Griechen annahmen, er sei unschmelzbares Eis. Trotz seiner Farblosigkeit ist dieses gläserne Mineral von geheimnisvoller Schönheit und Inbegriff der Kristalle schlechthin. Die schönen Mineralien und Kristalle des Al-

Die Farben der Steine

Warum ist der Lapislazuli blau, der Rubin rot, warum sind Smaragde grün und glänzt Pyrit golden? Vor allem die Farbe der Kristalle fasziniert Sammler und Betrachter. Die Farbwirkung der Mineralien entsteht durch Eigenfarbe und Fremdfarbe. Eigenfärbt (idiochromatisch) sind z.B. Lapislazuli, Pyrit und Kupfermineralien sowie alle Metalle. Die fremd gefärbten (allochromatischen) Steine werden von kleinsten Beimengungen chemischer Verbindungen in ihrer Farbe bestimmt. So färbt Chrom den Beryll zum Smaragd und den Korund zum Rubin. Eisen macht aus hellem Quarz violetten Amethyst und aus dem Beryll einen Aquamarin. Eine tiefblaue Farbe im Diamant entsteht durch Stickstoff. Kobalt färbt Calcit rosa. Aber auch physikalische Veränderungen, z.B. des Kristallgitters, bestimmen die Farbe. So können Kristalle durch Licht, kosmische Strahlung oder Radioaktivität andere Farben entwikkeln. So bekommt in den Alpen über 2000 Metern der klare Bergkristall eine dunkle Färbung. Man nennt ihn dann Rauchquarz. Ursache für die Verfärbung ist die kosmische Höhenstrahlung, die ab der 2000-Meter-Grenze besonders intensiv ist. In der diamanthaltigen Schicht vom Witwatersrand in Südafrika lagert unter anderen Mineralien auch radioaktive Pechblende. Sie macht aus dem klaren und farblosen Diamanten leuchtend olivgrüne. Licht kann ebenso die Steine verwandeln: Proustit büßt sein leuchtendes Rot bei Tageslicht, aber auch bei elektrischem Licht ein und verfärbt sich schwarz. Sonnenlicht schließlich läßt den roten Realgar zu einem wertlosen gelben Pulver zerfallen. Und Alexandrit erstrahlt bei Tageslicht grün, bei elektrischem Licht, aber auch bei Kerzenschein, glüht er dunkelrot auf.

Weil die Farbe oft den Wert der Steine bestimmt, machen sich Schmuckindustrie und Mineralienhandel diese Farbveränderungen zu Nutze. Mancher Sammler wurde schon mit künstlich verfärbten Steinen betrogen. Aus dem wenig wertvollen Amethyst wird z.B. durch Brennen im Töpferofen ein goldbrauner Stein, der von den natürlich gefärbten braunen Citrinkristallen kaum zu unterscheiden ist. Noch vor zwei Jahren überschwemmten den Markt dunkelbraune und zuweilen auch schwarze Rauchquarze aus Arkansas. Ihre Farbe stammt aus dem Isotopenlaboratorium durch Beschuß mit Neutronen.

Viele Kristalle funkeln in mehreren Farben, die je nach Blickwinkel zur Geltung kommen. Berühmt dafür sind Turmalin und Tansanit. Letzterer erscheint von einer Seite hellblau, von anderer tiefblau und den restlichen Seiten purpurfarben, saphirblau oder grünlichbraun bzw. violett. Eine völlig andere Art des Farbenspiels zeigt der Opal. Wie beim Perlmutt verändert sein innerer Aufbau das auftreffende Licht und läßt ihn in allen Regenbogenfarben schillern. Jede Bewegung verändert sein Farbenbild. Teile, die gerade noch rot schimmerten, blitzen im nächsten Moment schon blau oder grün auf.

Das Gold im Bart des Jägers

Ein Jäger hatte auf den Höhen der Mallnitztauern einen schweren Gemsbock erlegt und schleppte ihn nun trotz seiner Last froh und munter zu Tal! Da fiel ihm, der hier doch jeden Stein am Wege kannte, ob es bei Tag war oder bei Nacht, eine mächtige Quelle auf, die er noch nie gesehen hatte. Durst hatte er genug und daher dachte er, sich daran zu laben. Herrlich war der Trunk, hell wie Kristall und kalt wie Eis. Im Weitergehen mußte er aber immer wieder daran denken, wie diese Quelle so plötzlich dagewesen, aber rüstig schritt er aus und war bald in seinem bescheidenen

Jägerhause daheim. Aber wie staunte er, als bei Einbruch der Dämmerung sein voller Bart hell zu funkeln begann und als er mit der Hand durch die Haare fuhr, ihm feinstes Gold an den Fingern haftete. Nun war es ihm klar, er hatte aus einer Wunderquelle getrunken, die ihm den Bart vergoldet hatte.
Er wollte wieder zurück, um reichlichere Ausbeute zu holen; er fand die Stelle zwar wieder, aber eine Quelle war nicht mehr zu finden.

penraumes befinden sich meist in den sogenannten »Zerklüften«, Spalten im Gebirge, die später vollständig oder teilweise von neugebildeten Mineralien gefüllt wurden. Blieb in der Zerkluft ein Hohlraum erhalten, so konnten die Mineralien in ihrer eigengestaltlich – idiomorphen – Form in diesen Hohlraum hineinwachsen, und es formten sich wohlausgebildete Kristalle. In keinem anderen Gebirge der Erde gibt es schönere »Zerkluftmineralien« als im Alpenraum. Offene Klüfte, die nur darauf warten, ausgebeutet zu werden, gibt es jedoch kaum mehr. Man muß heute lange suchen, um verborgene, sich nach dem Berginneren öffnende Klüfte aufzuspüren. Trotzdem werden immer noch neue Mineralien in den Alpen gefunden. Die Gründe dafür sind: Der ständige Rückgang der Alpengletscher, wodurch Gesteinspartien freigelegt werden, die noch nie von Sammleraugen untersucht werden konnten; die intensive Bautätigkeit in den Alpen; die starke Erosion, die immer wieder neue Gesteinsschichten ans Tageslicht bringt; schließlich das immer leistungsfähigere Suchgerät. Eine der bekanntesten Fundstellen alpiner Zerkluftmine-

Streichholzlange Stäbchen des Prehnits.
Eine Sensation auf dem Sammlermarkt – man kannte bislang nur kleine Strahlenkugeln. Algerien – 50 x 32 mm.

ralien liegt an der Knappenwand im Untersulzbachtal bei Salzburg. Aus diesem Gebiet stammen die schönsten Epidot-Kristallstufen, die überhaupt je gefunden wurden. Aus den alpinen Klüften sind bis jetzt etwa 140 Mineralarten bekannt geworden.

Übrigens: wo einmal eine Kluft gefunden wurde, sind meist auch noch weitere Klüfte vorhanden. Für Anfänger unter den Mineraliensammlern ist es also durchaus sinnvoll, sich die bereits ausgebeuteten Klüfte anzusehen, um an ihnen wichtige Merkmale zu studieren: Kluftform, Nebengestein, Lage der Kluft, Veränderungen am Nebengestein und manches mehr. Dann kann das eigentliche Suchen im Gelände beginnen.

Viele Klüfte stehen im Zusammenhang mit einem, im grauen Gestein sich weiß abhebenden Quarzband, doch nicht jedes Quarzband deutet auf eine Kluft hin. Weist das Quarzband jedoch deutliche Ausbuchtungen auf, tritt vielleicht sogar Wasser aus, zeigt ferner das Nebengestein charakteristische Einschnürungen zum Quarzband hin, so ist das Auftreten einer Kluft wahrscheinlich. Beobachtet man dann noch grünen Chloritsand oder zähen braunen Kluftlehm, so ist man der vermuteten Kluft ziemlich nahe.

Der versierte Strahler wird nun mit dem Hammer Quarzband und Nebengestein abklopfen. Wenn die Kluft nicht allzuweit von der Oberfläche entfernt ist, kann man aus dem Klang des Gesteins die Lage der Kluft feststellen: Heller Klang deutet auf massives Gestein, dunkler, hohler Klang auf eine Kluft hin.

Auch der »Satz« gibt Hinweise auf eine Kluft. Man versteht darunter Risse, die senkrecht zur Schieferung des Gesteins verlaufen und in einer Felswand einen Absatz, ein Gesimse oder eine Bank bilden können. Ein solcher Satz kann durchaus die Decke oder der Boden einer Kluft sein. Dabei ist die Form und Größe dieses Risses vollständig belanglos. Selbst feinste Risse in einer Felswand können bedeutungsvoll sein, sofern sie etwa rechtwinklig zur Gesteinsschieferung verlaufen. Um viele alpine Klüfte befinden sich Zonen, in denen das Nebengestein stark verän-

Achat gehört zu den ältesten Edelsteinen.
Schon Griechen und Römer schnitten die Achat-Mandeln in Scheiben. Sulzburg, BRD – 65 x 87 mm.

Wie ein Achat vor Dieben schützt

Jede Nacht, bevor sich der Mensch ins Bett legt, trage er den Achat offen durch sein Haus, in Kreuzesform, einmal das Haus der Länge nach und dann der Breite nach abgehend. Dann werden dort die Diebe ihre Absichten nicht durchführen können und keinen Erfolg haben und beim Stehlen den kürzeren ziehen.
Hildegard von Bingen, das Buch von den Steinen, 1150.

dert ist, ausgebleicht erscheint oder aber poröser ist als frisches Gestein.

Erfahrene Strahler suchen auch im Schuttmaterial unterhalb von Felswänden, im frischen Bergsturzmaterial nach Kluftmineralien oder deren Resten, beispielsweise nach heftigen Unwettern oder längeren Regenperioden. Dann verfolgen sie diese Spur bis zur möglichen Lage einer Kluft im Fels. Funde in durch Lawinen mitgerissenem Felsmaterial sowie in Moränenblöcken auf Gletschern sind eigentlich nur Zufallsfunde und kaum als Hinweise auf auffindbare Klüfte aufzufassen.

Viele der alpinen Klüfte befinden sich in Geländebereichen, deren Aufsuchen nur mit entsprechender alpiner Erfahrung sowie guter Ausrüstung möglich ist. Langdauernde und mühevolle Aufstiege sind die Regel. Nicht selten befinden sich die Fundstellen in derart schwierigem Terrain – Felswände oder steile Grate –, daß deren Bewältigung nur einem versierten Kletterer mit geeigneter Ausrüstung möglich ist.

Aber nicht nur in den Alpen können Mineraliensammler fündig werden. Gute Aussichten auf solche Art von Jagdglück verheißen die meisten deutschen Mittelgebirge, insbesondere der Harz, die Eifel, der Schwarzwald, das Fichtelgebirge und der Bayerische Wald.

Bedauerlicherweise bringen fanatische Kristalljäger jedoch neuerdings eine empfehlenswerte Freizeitbeschäftigung immer häufiger in Mißkredit. Infolge einer beispiellosen Plünderung zahlreicher Fundstellen, die in vielen Fällen mit einer Verschandelung der Landschaft einhergeht, werden neue Fundorte von seriösen Sammlern kaum noch preisgegeben. Die Angst vor rücksichtslosen »Steine-Geiern« hat mittlerweile sogar die Gemeinden veranlaßt, alte Bergwerkschächte und Steinbrüche mit Stacheldraht zu sichern.

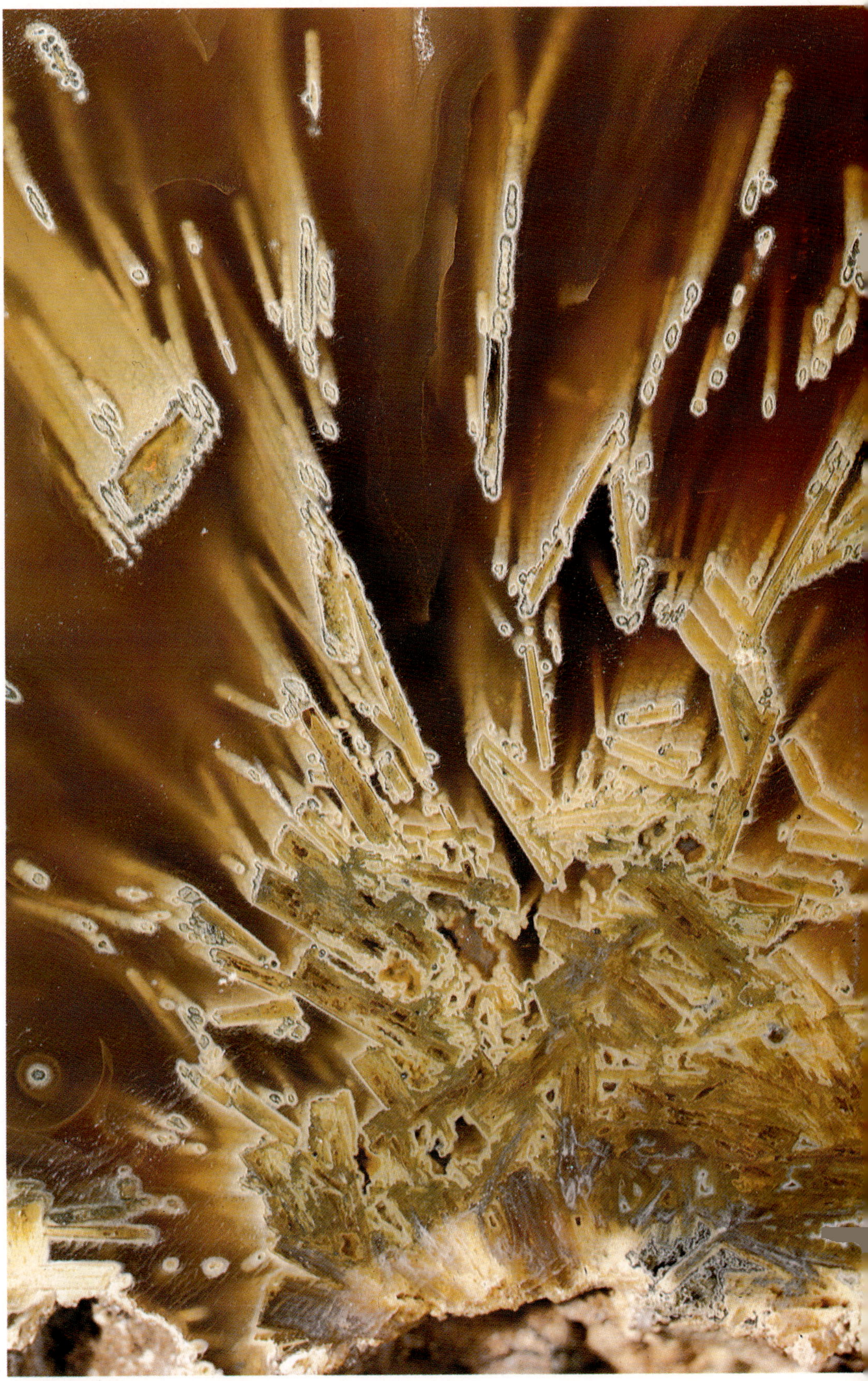

Achat mit Fremdeinschlüssen.
Dieser polierte Anschnitt zeigt einen untypischen Achat. Anstelle der Bänder: nadelige Einschlüsse. Brasilien – 42 x 27 mm.

Der Traum eines jeden Sammlers: Topaskristall.
Dieser wertvolle Fund stammt aus Alabaschka im Ural, UdSSR. 50 x 60 mm.

Selten so klar: ein reiner Siderit.
Das sonst unscheinbar trübbraune Mineral gibt es im Gebiet von Bellho Horizonte in Brasilien. 25 x 20 mm.

Amethyst – der Stein, der gegen Trunkenheit schützen soll. ▷
Das Mineral ist eine violette Farbvarietät des Quarzes. Guanajuato, Mexico – 70 x 110 mm.

Zwillinge – ein Zinnober-kristall.
Diese Rarität wird von Sammlern hochgeschätzt. Fundort des berühmten Stücks: Hunan in China. 37 x 20 mm.

Olivenit-Büschel auf kugeligem Konichalcit.
Die Kristallstufe wurde in Laurion in Griechenland gefunden. 6 x 8 mm.

Kupfersamterz, ein deutscher Name für Cyanotrichit.
La Garonne, Frankreich – 17 x 30 mm.

Inkarose – eine Bezeichnung für Rhodochrosit.
Sie wuchs im Laufe von 700 Jahren in den alten Inkastollen. Dieser Kristall wurde in Herdorf, BRD, gefunden. 20 x 14 mm.

Fensterquarz – die Folge von zu schnellem Wachstum.
Hinter den »Scheiben« ist oft noch die Mutterlösung zu sehen. Poretta, Italien – 60 x 71 mm (oben).

Pyramidale Kristalle von Wulfenit.
Für die Prospektoren typisches Kennzeichen einiger Bleilagerstätten.
Mieß, Jugoslawien – 38 x 48 mm.

»Metamorphose« von bänderförmigem Calcit. ▷
Die bizarre Landschaftsform entstand durch chemische Lösung.
Ilsfeld, BRD – 30 x 47 mm.

FORTSCHRITT DURCH MINERALIEN.

Genau wie Werden und Vergehen des Lebens ist die moderne Industrie und Technik unvorstellbar ohne Mineralien. Während die Bodenschätze Bronze und Eisen vergangenen Epochen menschlicher Entwicklung ihren Namen gaben, sind es im Atomzeitalter Kristalle wie Quarz und Silizium, die unsere wirtschaftliche Entwicklung bestimmen. Der eine Kristall steuert die Impulse, der andere soll uns aus der Energiekrise helfen.

Die Rohstoffvorräte unseres Planeten neigen sich ihrem Ende entgegen. Wir haben die Erde bislang eher unbedacht ausgebeutet – die Rechnung dafür wird uns nunmehr präsentiert: Die Weltreserven an Kupfer etwa, so ergab eine Analyse der amerikanischen Fachzeitschrift »Mineral Facts and Problems«, betragen gegenwärtig noch etwa 300 Millionen Tonnen – das reicht, sofern der Bedarf nicht steigt, für etwa 30 Jahre, länger nicht. Kaum anders die Situation bei den anderen Schwermetallen: Blei wird in 20, Zink in 18, Silber in 12 und Gold gar schon in 10 Jahren verbraucht sein, legt man die heute gültigen Grenzen für einen wirtschaftlichen Abbau zugrunde. Noch vor Ablauf dieses Jahrhunderts werden wir unseren Bedarf an diesen Metallen nicht mehr decken können.

Nur in wenigen Fällen gelang es bisher, die natürlichen Produkte durch billigere oder bessere Kunstprodukte, die aber ihrerseits wieder aus anderen Rohstoffen hergestellt werden müssen, zu ersetzen. So können die meisten Mineralfarben durch synthetische Produkte der chemischen Industrie ersetzt werden. Unter den Kristallen sind es vor allem die Einkristalle, die synthetisch hergestellt werden. Ihr Bedarf in Forschung und Technik steigt wesentlich schneller als die wenigen natürlichen Fundstellen herzugeben vermögen. Hohe technische Bedürfnisse fordern ihrerseits den »Laborkristall« geradezu heraus. Die elektronische Revolution mit Einkristallen als Halbleiter konnte nur durch künstliche Herstellung solche Dimensionen erreichen. Einkristalle werden regelrecht gezüchtet – besonders beeindruckend ist dieser Vorgang bei der Herstellung von großen Rubinen für die Laserstrahlforschung. Sehr alt und geradezu lebenswichtig ist die Kunst, Mineralien durch geeignete Verfahrensweisen nicht nur äußerlich, sondern auch in der Substanz zu verändern. Jede Veränderung von Mineralien mit Hilfe chemischer Prozesse hat die Gewinnung eines für besondere Zwecke geeigneten Bestandteils zum Ziel: Aus Zinnstein erzeugt man metallisches Zinn, aus Kupfererzen metallisches Kupfer, aus Fluorit gewinnt man auf dem Weg über Fluor-Wasserstoff die vielen neuen und heute so wichtigen Verbindungen der Fluor-Chemie.

Einst ein Kleinod. Heute unverzichtbares Gebrauchsmaterial.

Dieses Kapitel, in dem wir weitgehend den Ausführungen Werner Liebers in seinem im Christian Weise Verlag (München) erschienenen Buch »Menschen, Minen, Mineralien« folgen wollen, möchte darlegen, wofür die Mineralien heute verwendet werden.

Zu Beginn der Jungsteinzeit waren außer Feuerstein, Nephrit und Obsidian bereits Pyrit und farbenfrohe Steine bekannt und geschätzt. Manche dieser auffälligen Naturprodukte wurden als Talisman und Schmuck verwendet; man schrieb ihnen übernatürliche Kräfte zu. Über die Anfertigung von Siegeln aus Lapislazuli, Carneol und Achat in Kleinasien ist schon kurz berichtet worden, ebenso über den im alten Ägypten bekannten Amethyst, Smaragd und Türkis, über Silber und Gold und deren Gewinnung. Die Edelmetalle, die in Sandablagerungen von Flüssen am leichtesten zu gewinnen waren, dienten in erster Linie als Werkstoff der Goldschmiedekunst, die bei den alten orientalischen Völkern schon erstaunlich hoch entwickelt war. Ihr Einfluß zeigt sich nicht nur in vielen frühgriechischen Arbeiten, die bei Ausgrabungen gefunden wurden, sondern auch in Grabbeigaben aus ägyptischen Königsgräbern. Gold und Silber waren sicherlich schon einige Jahrtausende vor Christus bekannt und in Gebrauch. Da das Gold als besonders edles Metall den Einflüssen der Verwitterung widersteht, sind goldene Gegenstände über Jahrtausende praktisch unverändert geblieben.

Die Annahme ist sicherlich berechtigt, daß in frühesten Zeiten einzelne Mineralarten bevorzugt künstlerischen Zwecken und weniger technischen Belangen dienten. Gold und farbige oder glänzende Steine ließen sich mechanisch verarbeiten. Die Metallgewinnung aus Erzen erforderte aber bereits ein vergleichsweise hohes technisches Wissen und Können. Der sehr alte Bleierz-Bergbau hatte ursprünglich wohl die Gewinnung von Silber zum Ziel, weil dieses Metall sehr häufig gemeinsam mit Bleiglanz gefunden wird. Tatsächlich benutzte man aber auch Blei,

Chabasit – würfelförmiger Zeolith.
Dieses Mineral ist als Ionen-Austauscher und -Sieb in der chemischen Industrie unersetzbar. Kanada – 16x16 mm.

Sinterterrassen in der Türkei.
Süßwasserkalk lagert sich rings um die Thermalquelle terrassenförmig ab. Pamukkale, Türkei.

Steine, die vom Himmel regnen

Wenn Meteoriten auf die Erde fallen, dann sausen die dicksten Brocken unter ihnen gleich mit einer Geschwindigkeit von 60 Kilometern pro Sekunde (!) durch die Luft. Diese erdfremden Steine sind die Reste eines zerstörten Nachbarplaneten der Erde, der sich einmal zwischen Mars und Jupiter befand. Als Asteroiden kreisen seine Trümmer wie die Erde um die Sonne. Wenn sie miteinander zusammenstoßen wechseln sie abrupt die Bahn. Dann kommt es unweigerlich zu »Unfällen«. Die Folgen davon: riesige Meteoritenkrater auf den Planeten. Sie sind fast überall auf der Erde zu finden. Zu den bekanntesten gehört das Nördlinger Ries, das im Durchmesser 28 Kilometer (!) mißt. Doch von dem einstigen Planetenrest »überlebten« nur mikroskopisch kleine Teile den Zusammenstoß. Die gewaltige Masse des Meteoriten muß nach Berechnungen rund 2,6 Millionen Tonnen gewogen haben. Doch die Aufprallenergie war so groß, daß das Material auf der Stelle verdampfte. Andere Meteoriten dagegen blieben erhalten. Zum National-Monument erklärten die Südafrikaner einen 80 Tonnen schweren Meteoriten aus hochwertigem Nickel-Eisen. Der »Hoba-West«, so wurde der Himmelsstein genannt, lieferte zusammen mit anderen Meteoriten der Wissenschaft den Beweis, daß die Brüder- und Schwesterplaneten der Erde aus dem gleichen Material beschaffen sind wie die Erde selbst: ein Gesteinsmantel hüllt einen Nickel-Eisen-Kern ein. Die kleinsten Meteoriten überleben den Flug zur Erdoberfläche gar nicht. Sie verglühen als Sternschnuppen. Eine andere Meteoritenart stammt von Sternen, die nicht zur unmittelbaren Nachbarschaft der Erde gehören, z. B. von Kometen.

das aus seinen Erzen ziemlich leicht und bei relativ niedriger Temperatur gewonnen werden kann, schon bei den Römern zur Herstellung von Wasserleitungen. Der griechische Geschichtsschreiber Herodot (484–424 vor Christus) berichtete, daß man bronzene und eiserne Klammern in steinernen Quadern durch Vergießen der Öffnungen mit Blei befestigt habe. Sowohl den Griechen als auch den Römern waren die rote Mennige und das Bleiweiß, beides Mineralfarben aus Bleiverbindungen, bekannt.

Die Verwendung von Gips und Kalkstein oder Marmor zur Herstellung von Stuckgips bzw. Brandkalk, wie der griechische Philosoph Theophrast über 300 Jahre vor der Zeitenwende berichtete, zählt zu den ganz bedeutsamen Nutzungsmöglichkeiten der Mineralien, die bis in unsere Tage bekannt blieben und auch praktiziert werden. Mineralien und Gesteine sind in rapide steigendem Umfang als Baumaterial oder Rohstoff dafür verwendet worden, und zwar sowohl im Origi-

Der Teufelsschatz

Vor langer Zeit tauchte in der Schwäbischen Alb ein Fremder auf. Der Mann, den die Leute für einen Weisen hielten, suchte Tag und Nacht mit einer Wünschelrute den Boden ab. Schließlich begann er an einer Stelle zu graben und barg einen riesigen Schatz, der aber vom Teufel bewacht wurde. Trotzdem nahm der Weise ihn mit. Er war schon vergessen, als er viele Jahre später – arm und zerlumpt – an den Ort zurückkehrte und nach dem Schatzloch suchte. Eines Mitternachts, es war ein Freitag, hörte ein Hirt einen markerschütternden Schrei, aus dem Loch schlugen Flammen und Rauch stieg auf. Der Beobachter wagte sich

am nächsten Morgen – mit Kreuz und Weihwasser – an die unheimliche Stelle. Er warf einen Stein ins Loch, doch der schlug nie auf dem Boden auf. Der Fremde aber war verschwunden. Der Teufel hatte an ihn seine Edelsteine verloren – und holte sich dafür seine Seele. Das Loch hieß von nun an Höllenloch.

nalzustand, als auch nach mechanischer Bearbeitung oder vorausgegangener chemischer Stoffumwandlung.

Zur Gruppe der Mineralien, die lediglich verformt, zermahlen oder sonst mechanisch aufbereitet werden, zählt z. B. der Asbest, der als feuerfestes Material zu Schutzanzügen, Schutzhandschuhen und zu Asbest-Zement-Waren verarbeitet wird. Marmor und Kalkstein dienen seit Jahrtausenden als beliebte Bausteine. Klassisch ist die Marmorgewinnung bei Carrara in Oberitalien, beliebt in unseren Tagen der Kalkstein von Solnhofen mit seinen fossilen Einschlüssen und den hübschen Dendriten auf Klüften dieses Gesteins.

Als Mineralfarben fanden früher ausgedehnt, aber auch heute noch da und dort Baryt (weiß), Malachit (grün), Limonit (ocker), Hämatit (rot, rotbraun), Lasurstein (lapislazuliblau) und Zinnober (rot) Verwendung. Die frühere Verwendung von klar durchsichtigen Glimmertafeln als Fenster ist durch Glas völlig verdrängt worden. Glimmer wird heute auch synthetisch hergestellt. Vermiculit, ein Glied der Glimmergruppe, findet als wärmeisolierendes Material Verwendung. Der zerkleinerte Glimmer wird auf einige Hundert Grad erwärmt und dehnt sich dabei zu einer lockeren, leichten Masse mit fast vierzigfachem Volumen aus.

Die Feuerfest-Industrie benutzt Cyanit- und Chromit-Kristalle zur Herstellung feuerfester Steine, mit denen Öfen ausgekleidet werden. Dem gleichen Zweck dienen Dolomit und Magnesit in gebranntem Zustand. Feldspat und Kaolin sind wichtige Rohstoffe der keramischen Industrie und für die Porzellanherstellung.

Speckstein, auch Talk genannt, wird je nach Reinheit für Puder, als Glättpulver für Papier und Leder oder in der Elektroindustrie als Isolatormaterial gebraucht. Baryt ist als weiße Farbe bereits erwähnt. Im Kunstdruckpapier erfüllt es seine Aufgaben als billige weiße Pigmentfarbe, die zugleich das Papier gut glättbar macht. Strahlenhemmender Beton enthält Baryt als Zuschlagstoff, weil dieses Mineral

Typische Kristallform des Wulfenits.
Das honiggelbe Mineral wächst in vierseitig begrenzten, quadratischen oder rechteckigen Täfelchen. Chah Mileh, Iran – 4x5 mm.

Das Aluminium-Silikat Disthen.
Es ist ein Indiz für Tiefengesteine. Die schönen Kristalle entstehen nur in 15 Kilometern Tiefe. Carolina, USA – 60x68 mm.

ein hohes Absorptionsvermögen für Röntgenstrahlen und radioaktive Strahlen besitzt. Deshalb macht auch die Medizin Gebrauch davon bei der Verabreichung von Röntgen-Kontrastmitteln bei der Durchleuchtung innerer Organe. Auch manche Bormineralien finden als Zuschlagsmaterial für strahlenhemmenden Beton Verwendung.

Unreine Diamanten und Schmirgel (= Korund) werden als Schleifmittel verwendet. Heute nehmen aber synthetische Produkte mehr und mehr den Platz dieser Mineralien ein, wie etwa synthetischer Diamant, synthetisches Borcarbid und Siliziumcarbid. Graphit, neben Diamant eine weitere Modifikation des Kohlenstoffs, wird nach entsprechender Reinigung für Schmiermittel, Bleistifte und in der Elektroindustrie für Dynamobürsten gebraucht. In Form von Stäben wird es als Moderator in Kernreaktoren eingesetzt. Schwefel ist ein Bestandteil des Schwarzpulvers und der Zündhölzer.

Korund wird wegen seiner Härte als Lagerstein für Uhren, Achat zu Reibschalen, Mahlkörpern und Mühlgehäusen verarbeitet. Reinste Einkristalle von Calcit, Quarz und Fluorit werden in der op-

In Wasserstoffbombe und Medikament: Lithium-Minerale.

tischen Industrie zu Linsen und Prismen verschliffen. Die Anzahl und Menge der Mineralien, die ohne chemische Verarbeitung lediglich nach einer Reinigung, Zerkleinerung, Verformung usw. Verwendung finden, ist recht begrenzt. Viel häufiger müssen aus den Mineralien die gewünschten Bestandteile durch geeignete Prozesse gewonnen, oder durch chemische Reaktionen neue Verbindungen geschaffen werden. Nachfolgend ist – geordnet nach dem chemischen Periodensystem – die Verwendundung einiger wichtiger Elemente beschrieben:

Die Lithium-Mineralien werden nur in Ausnahmefällen unverändert verwendet, so die edlen Variatäten des Spodumens in der Edelsteinindustrie. Die Kernchemie benutzt Lithium zur Herstellung von »überschwerem Wasserstoff«, und die chemische Verbindung zwischen »schwerem Wasserstoff« (= Deuterium) und Lithium dürfte der Sprengstoff der Wasserstoff-Bombe sein. Lithiumcytrat ist Bestandteil von Medikamenten gegen Gicht. Synthetisches Lithiumfluorid wird wegen seiner guten Durchlässigkeit für UV-Licht zu Prismen und Linsen verschliffen.

Die Natrium-Mineralien Steinsalz, Soda und Glauberit sind schon Jahrtausende bekannt. In den Büchern des Alten Testaments wird als Waschmittel eine Substanz mit der Bezeichnung »neter« erwähnt.

Aristoteles nennt den gleichen Stoff »nitron« und Plinius »nitrum«. Mit hoher Wahrscheinlichkeit handelt es sich dabei um Soda. Die arabischen Alchimisten wandelten das »nitron« in »natron«, ein Name, der heute noch bei Bezeichnungen wie Natronlauge auftaucht. Das metallische Natrium, das auf elektrolytischem Wege aus Steinsalz gewonnen wird, ist Bestandteil mancher Lagermetalle. In Atomreaktoren dient das geschmolzene Metall als Kühlmittel. Das in gewaltigen Mengen vorkommende Steinsalz ist letztlich der Ausgangsstoff zur Herstellung der verschiedensten Natrium-Verbindungen, wie z. B. das Ätznatron, das für viele technische Zwecke bei der Fettspaltung und in der Seifenindustrie Anwendung findet. Natriumnitrat ist ein wertvolles Düngemittel; Soda benötigt man als Ausgangsstoff für die Erzeugung vieler anderer Natrium-Verbindungen, aber auch für die Glasherstellung. Bei manchen metallurgischen Prozessen, in der Gerberei, zum Glasieren von Tonwaren und als Rohstoff für die Chlorgas-Erzeugung, wird Steinsalz benötigt. Etwa 70 Prozent des gewonnenen Steinsalzes wird in der Industrie und etwa 30 Prozent für die menschliche Ernährung verwendet.

Kristall mit Kulturgeschichte: gemeiner Flußspat.
Seit frühester Geschichte wird dieses Mineral als Flußmittel für metallurgische Verfahren verwendet. Mexiko – 60 x 70 mm.

Der Kupferzauber vom Rammelsberg im Harz

Wachsendes Kupfer in den Grubenwässern vom Rammelsberg ließ die Bergleute zunächst glauben, der Berggeist habe das Wasser verzaubert. Aber bald hatten die Bergleute gelernt, das Metall aus dem Wasser zu binden. Sie legten einfache Eisenstäbe hinein und ließen das Buntmetall darauf wachsen. Sie konnten jedoch den heute elektrochemisch erklärbaren Vorgang nicht begreifen.

Die Gewinnung von metallischem Beryllium wurde ab 1940 bedeutungsvoll als sogenannte Neutronenquelle, denn Beryllium sendet bei Beschuß mit Alpha-Strahlung Neutronen aus. Beryllium wird in Atomreaktoren als wirksame Bremse schneller Neutronen verwendet. Da Beryllium eine gute Durchlässigkeit für Röntgenstrahlen besitzt, findet es bei der Herstellung von Fenstern für Röntgenröhren Verwendung. Während ein Kilogramm Beryllium 1927 noch 200.000,– DM kostete, lag der Preis 1975 bei etwa 150,– DM. Wegen des hohen Schmelzpunktes von Berylliumoxid (2530 °C) macht die Feuerfestindustrie von ihm Gebrauch. Weiter dient es in der Leuchtstoffindustrie wegen seiner guten Fluoreszenseigenschaften zur Herstellung von Leuchtschirmen und Fernsehröhren.

Der einzig wichtige Rohstoff für das Element Calcium ist Calcit,

Chalzedon wendet Krankheiten von den Menschen ab.
An wundersame Kräfte des Steins glaubten die Menschen des Mittelalters. Naila, BRD – 40 x 30 mm.

Natürlicher Smaragd mit großem Einschluß.
Der Pyrit-Kristall ist für den Gemmologen ein wichtiges Indiz für die Herkunft. Kolumbien – 17 x 18 mm.

ein Calciumcarbonat. Calcit kommt lokal auf der Erde so häufig vor, daß er ganze Gebirge aufbauen kann. Die aus Calcit aufgebauten Gesteine heißen Kalkstein oder Marmor und bilden den Ausgangsstoff für zahlreiche chemisch-technische Prozesse. Hier ist vor allem die Erzeugung von Kohlendioxyd und die Herstellung von Baustoffen zu nennen. Gemeinsames Brennen von Kalkstein mit Ton im geeigneten Mischungsverhältnis erzeugt den bekannten Portland-Zement. Kalkstein wird als Zuschlag beim Hochofenprozeß und zur Glasherstellung benötigt. Reine gepulverte Kreide ist der Grundstoff vieler Farben, Kitte und Putzpulver. Gips dient in großem Umfang zu der Erzeugung von Baustoffen wie Putzgips, Stuckgips und Gipsplatten. In manchen Ländern wird Gips zur Schwefelsäure-Fabrikation herangezogen. Löschkalk benötigt die Zuckerindustrie zur Entzuckerung der Melasse, die chemische Industrie als billige Lauge, als Ätzmittel und als Rohstoff für die Chlorkalk-Erzeugung.

Bleiglanz ist der wichtigste Silberträger und wird daher seit einigen tausend Jahren abgebaut und auf Silber verarbeitet. Wie schon erwähnt, findet auch das metallische Blei seit gut 7000 Jahren Verwendung. Heute wird es für Kabel,

Fluch und Nutzen der Chemie: Mineralien für Dünger und Gift.

Rohre, Behälter und Platten für Akkumulatoren gebraucht. Wegen seiner strahlenhemmenden Wirkung wird Blei zu Schutzhüllen und Bleischürzen gegen radioaktive Strahlung verarbeitet. Bleioxid wird für schweres, stark lichtbrechendes Glas verwendet.

Technisch wichtige Arsen-, Antimon- und Wismut-Mineralien sind Arsenkies, Realgar und Auripigment, Antimonit, Wismutglanz und gediegen Wismut. Alle drei Metalle werden als Bestandteil von Legierungen verwendet. Arsenoxid wird zur Schädlingsbekämpfung, zum Konservieren von Fellen und für pharmazeutische Präparate benötigt.

Seit etwa 1940 hat die »Fluorchemie« eine bemerkenswerte Entwicklung genommen. Wichtige organische Fluorverbindungen sind als Kühlmittel in Kühlschränken und als Treibmittel in Sprühdosen aller Art weit verbreitet. Heute werden viele Gefrierschutzmittel, Schmierstoffe, Kunststoffe und Lösungsmittel aus Fluorverbindungen hergestellt. Große Mengen von elementarem Fluor werden zur Synthese von Uranhexafluorid gebraucht, aus dessen Dampf spaltbares Uran abgetrennt wird. Uran dient heute als Brennstoff für Kernreaktoren und wird in steigendem Umfang benötigt.

Künstlicher Smaragd vom natürlichen kaum zu unterscheiden.
Nur an den feinen Einschlüssen erkennt der Fachmann die Synthese. 24 x 36 mm.

Künstliche Diamanten – schöner und besser.

Die Geburtsstunde des ersten Retorten-Diamanten liegt 25 Jahre zurück. Was damals noch den Geruch von schwarzer Kunst besaß, gehört heute zu einer technischen Notwendigkeit. Künstliche Diamanten und Kristalle sind in der Technik nicht nur Ersatz für fehlende natürliche Steine, sondern übertreffen sie in ihren Eigenschaften. Sie sind oft haltbarer, ja sogar schöner. Oft kommen Kristalle aus dem Tiegel, die es in der Natur nicht gibt, synthetische Steine mit hervorragenden physikalischen Eigenschaften. Sie sind die Schlüsselfiguren in vielen Produkten oder Herstellungsverfahren. Für die elektronische Revolution von den Röhren zur Dioden- und Transistorentechnik sind Einkristalle der Halbleitermaterialien Silizium, Germanium und Galliumarsenid verantwortlich. Sie prägten den Begriff der integrierten Schaltung mit, trugen zur Miniaturisierung, Zuverlässigkeit und vor allem zur preisgünstigen Fabrikation entscheidend bei. Der künstliche Quarz stellte die herkömmliche Uhrenherstellung ins Abseits. Anders als die unkontrolliert wachsenden natürlichen Einkristalle weisen die synthetischen Diamanten, Rubine, Quarze, Metallkristalle und Korunde einen perfekten, d. h. idealen Aufbau auf, der entscheidend für die technische Verwendung ist.

Beachtliche Erfolge wurden bei der gleich massenweisen Züchtung von Quarzen erzielt. Ihre Herstellung erfolgt bei Temperaturen um 400 Grad Celsius und Drücken um 2000 Atmosphären. So erzeugt man einkiloschwere Einkristalle. Die Zucht wurde während des Zweiten Weltkrieges erfunden, weil natürliche Mineralienfunde den Bedarf nicht decken konnten. Auch der künstliche Rubin wird bei hohen Temperaturen hergestellt. Er ist spannungsfrei und wird nur so für seinen Einsatz zur Energiebündelung von Laserstrahlen tauglich. Winzige durchbohrte Zylinder künstlicher Rubine dienen als Lagersteine in der Uhrenindustrie. Für die Herstellung von Diamanten sind jedoch andere Temperaturen und Drücke erforderlich: 150 000 Atmosphären und 2500 Grad Celsius! Der gezüchtete Diamant schlägt in manchen Eigenschaften seinen natürlichen Bruder bei weitem, sein Einsatz ist jedoch heute wegen der extrem hohen Kosten nur auf die Industrie beschränkt. Als Ziehstein für Drähte ist er z. B. mindestens fünfmal haltbarer als ein natürlicher Industriediamant. Schon werden Korunde gezüchtet, die eineinhalb Meter lang sind. Schließlich sei noch Borazon erwähnt, ein synthetischer Kristall – nicht so hart wie der Diamant, aber wesentlich hitzebeständiger. Ohne ihn wären viele industrielle Fertigungstechniken undenkbar. Doch damit ist die Anwendung der Kristalle keineswegs erschöpft. Mikrowellentechnik, Optoelektronik, Hochfrequenztechnik und Elektroakustik, Optik, Magnetoptik, Strahlungsdetektoren, Wärmeleiter, Isolationsmaterialien und die Holographie wären ohne künstliche Einkristalle nicht denkbar. Einkristalle sollen demnächst auch die Datenbanken der Computer revolutionieren: Sie sind in der Lage, in sogenannten »magnetic bubbles« Informationen abrufbereit zu speichern. Siliziumkristalle, gleich massenweise gezüchtet, sollen der Welt als Sonnenenergieumwandler aus der Energiekrise helfen. Fast täglich werden neue Einsatzgebiete gefunden, und ständig werden neue Kristalle entdeckt. So sollen Kristalle elektrische Energie speichern und dem Elektroauto zur Wirtschaftlichkeit verhelfen. Auf dem Wege der Kristallherstellung gelang jetzt auch die Herstellung nichtleitender Metalle.

Gediegen Kupfer mit uralter Patina.
In den Kupferlagerstätten oxidiert das Metall erst bei Berührung mit Sauerstoff. Grube Wolf bei Herdorf, BRD – 41 x 52 mm.

Schön gewachsene Smaragde sind selten.
Dieser Kristall stammt aus Chivor in Kolumbien. Das südamerikanische Land hat die größten Smaragdvorkommen. 12 x 11 mm.

Autunit – ein Calcium-Uran-Glimmer. ▷
Das Mineral kristallisiert in blättrigen, vierseitig begrenzten Täfelchen. Nièvre, Frankreich – 13 x 20 mm.

Phantasie macht aus Mimetesiten einen Wald.
Diese Mineralstufe kommt aus dem mineralreichen Fundgebiet von Tsumeb, SWA/Namibia. 12x15 mm.

Lorandit: ein sehr exotisches Mineral.
Das Thalliumarsensulfid wurde in Alkhar, Jugoslawien, gefunden. Große Kristalle sind selten. 11x13 mm. (oben).

Als Rhombendodekaeder kristallisieren Granate.
Dieser Grossular stammt aus metamorphen Kalken von Quebec in Kanada. 15x11 mm.

Siderit- und Quarzkristalle. Das Eisenkarbonat Siderit baut große Berge auf, die zur Eisengewinnung im Tagebau abgetragen werden. Medelsertal, Schweiz – 40 x 25 mm.

Das aus Steinsalz gewonnene Chlorgas wird zur Synthese von Lösungsmitteln, für Chloroform, ferner für Lacke und Kunststoffe gebraucht.

Kupfererze werden seit einigen tausend Jahren bergmännisch gewonnen und auf Metall verarbeitet. Über die Hälfte des gewonnenen Metalls geht in die Elektroindustrie und findet sich folglich überall dort, wo elektrischer Strom gebraucht wird, in Kabeln, Leitungen und Elektrogeräten aller Art. Kupfer ist ferner Bestandteil vieler Legierungen, von denen Bronze und Messing die bekanntesten sind. Malachit und Azurit, beides leuchtend gefärbte Kupfercarbonate, sind schon im Altertum als Farben bekannt gewesen. Cuprit eignet sich zum Rotfärben von Glas. Kupfervitriol ist Ausgangsstoff zur Herstellung von Farben und wesentlicher Bestandteil von Bädern zur galvanischen Verkupferung.

Schöne und bunte Steine: Glücksbringer und Heilmittel.

Sehr vielen Mineralien wurden früher magische Kräfte zugeschrieben. So glaubte man, der zarte Farbton des Rosenquarzes werde seinen Besitzer klug machen und ihm Glück in der Liebe bringen. In Mittelamerika verehrte man z. B. Smaragde und Opale als Gottheiten. Blumen, Vögel und Schmetterlinge aus Jade gelten in China als Symbole der Unsterblichkeit, eine Fledermaus aus dem gleichen Material als Symbol des Glücks. Das Amtsschild des Hohenpriesters von Jerusalem war mit zwölf verschiedenen Mineralien besetzt, je ein Stein als Sinnbild für einen der zwölf Stämme Israels.

Ägypter, Inder, Chinesen, Griechen, Römer und Araber verwendeten sehr viele Arten von Mineralien als Heilmittel gegen die verschiedensten Krankheiten. Dabei unterschieden sie sog. Schutzsteine, die als Talismane gegen bestimmte Gebrechen und Erkrankungen getragen wurden (und wohl mehr magische Bedeutung hatten), ferner Heilsteine, die als Medikamente in der Medizin Verwendung fanden, und schließlich magische Steine, deren sich der Magier bei seinen Beschwörungen und Zaubereien bediente.

Die Litho-Therapie, wie die Mineralienheilkunde heißt, wird besonders in Indien und China praktiziert, wobei sie heute, unter neuen Formen, wieder aufgeschlossene Forscher interessiert – sowohl Mediziner als auch Chemiko-Physiker bzw. Geo-Physiker. So konnte man vor Jahren in einer Apotheker-Zeitung lesen: »Wir wissen heute von Hochleistungs- und Spurenelementen, welche für den menschlichen Organismus von sehr hohem Wert sein können. Bei Eisenpräparaten z. B. ist der ›verunreinigende‹ Gehalt an Mangan, Kobalt und Kupfer von direkt ausschlaggebender Bedeutung.« Nun enthalten die meisten der aufgeführten Mineralien Spurenelemente. Sie sind es ja, welche manchen Steinen ihre schöne Farbe geben. Das sind z. B. Mangan, Titan, Chrom, Kobalt, Nikkel und Eisen, und es kann kaum einem Zweifel unterliegen, daß Spuren dieser Metalle bei der Litho-Therapie wirksam werden.

Wir wissen weiter von Vasengemälden und Wandmalereien, daß es unter den Frauen Ägyptens üblich war, Wimpern und Augenlider mit grüner Schminke nachzuziehen. Wer aber käme auf den Gedanken, daß die malachitgrüne

Die klugen Grafen von Helfenstein

Zwei Brüder aus dem gräflichen Geschlecht der Helfenstein fanden eines Tages am Bächlein Blautopf bei Blaubeuren einen bunt schillernden Stein. Einer der beiden hob ihn auf, weil er ihn gar so schön fand. Sogleich fragte ihn sein Bruder, wie er es bewerkstellige, daß er plötzlich verschwunden sei. Doch als er selbst den Stein in die Hand nahm, war nun er für die Augen des Bruders nicht mehr sichtbar. Die beiden hatten einen Wunderstein entdeckt. Doch als sie überlegten, was mit ihrem wundersamen Schatz zu tun sei, kamen sie zur Einsicht, das Beste sei, ihn in den Blautopf zu werfen. Ihre Nachfahren sollten mit dem Wunderstein keinen Spott und Unfug treiben oder gar Verderben über das Geschlecht der Helfenstein bringen. So tauchte der merkwürdige Stein in das Wasser des Baches und ward nicht mehr gesehen.

Mondgestein im Mikroskop.
Ein Pyroxenkristall mit deutlicher Mondgeschichte: Die Risse sind die Folgen eines Meteoriteneinschlags. Mare Tranquillitatis – 1 x 1 mm.

Turmalin – Sammelbecken für rund vierzig Elemente.
Wie kaum ein anderes Mineral besitzt der Turmalin eine ellenlange chemische Formel. Minas Gerais, Brasilien – 40 x 48 mm.

Wimperntusche durch ihren Kupfergehalt ein wirksames Heil-und Schutzmittel gegen die gefürchtete ägyptische Augenkrankheit war?

So wunderbar erschien den Ägyptern der Erfolg des neuen Medikaments, daß sie auch die Götter daran teilnehmen lassen wollten: Sie bestrichen deren Augenlider an Statuen und auf Bildern, sogar die Augen der Opfertiere. Noch heute, 5000 Jahre nach Einführung der Wundermedizin, können wir an den Gestalten, die von den Tempelwänden auf uns niederblicken, Spuren von Malachitgrün feststellen.

Auch die europäischen Ärzte im 17. Jahrhundert glaubten an die Heilkraft verschiedener Mineralien. Dem feingebänderten Achat sprach der Hofarzt des Herzogs von Luchtenberg die Eigenschaft zu, daß er, »fein zerstoßen und mit Honig vermischt« genossen, »stillenden Frauen die Milch in die Brüste schießen« lasse. Auch der Rauchquarz wurde damals als Arznei verordnet: »Kristallpulver, in Wein aufgelöst, hilft bei Durchfall, verscheucht den Schlaf, vertreibt das Schwindelgefühl.«

»Lassen Sie die Kerle Erde fressen, Majestät!«, beriet ein Arzt Nikolaus I., als während des Krimkrieges eine Cholera-Epidemie ausbrach und der Zar um die Schlagkraft seiner Truppe fürchtete. Diese Antwort mag heute zynisch klingen, aber sie war medizinisch wirklich der beste Rat, den der Arzt dem Zaren geben konnte. Freilich meinte er nicht irgendeine beliebige Handvoll Erde, die man einfach, wo man lag oder stand, zusammenkratzte. Weiße Tonerde mußte es sein, schon seit den ältesten Zeiten der Menschheitsgeschichte als wirksames Mittel gegen Durchfall bekannt, erprobt und angewendet.

Das Gütesiegel, mit dem man heute besonders geprüfte Qualitätswaren kennzeichnet, ist durchaus nicht eine Erfindung unserer Zeit. Bei der Heilerde finden wir es seit beinahe 2000 Jahren. Die »Lemnische Erde«, auf der griechischen Insel Lemnos gegraben, galt

Mineralhaltige Heilerde. Viel mehr als nur ein Hausmittel.

mehr als Gold. Der Handel mit dieser Erde brachte zuerst den Griechen, später den Türken ein Vermögen ein.

Wie sehr in Sanatorien und Kurbädern aber die natürlichen Behandlungsmethoden bestimmter Krankheiten mit Erde, Moor und Schlamm wieder in Mode gekommen sind – ohne deswegen modisch zu sein –, zeigt ein Blick in die Anzeigenrubriken von Zeitschriften, in denen Kurorte und ärztlich geleitete Sanatorien mit diesen Möglichkeiten, die sie ihren Gä-

Rhombischer Schwefel. Das gelbe Mineral wird häufig von erlöschenden Vulkanen gebildet. Sizilien, Italien – 28 x 30 mm.

Goethit – ein Eisenoxyd zu Ehren von Wolfgang von Goethe. Der deutsche Klassiker sammelte leidenschaftlich gern Kristalle. Freisen, BRD – 10 x 7 mm (oben).

sten bieten, oft ganz vordergründig werben.

Was Sebastian Kneipp, der viel mehr war als nur ein »Wasserdoktor«, schrieb, hat offenbar nichts von seiner Gültigkeit verloren: »So lange ich denke, war unter Landleuten der Lehm als ein gutes Mittel für Haustiere bekannt. Wenn ein Pferd beschlagen wurde, wenn es sich den Fuß verrenkte, so nahm man Lehm, mit etwas Wasser und etwas Essig gut abgerührt, und umband damit die schadhafte Stelle. War der Lehm trocken, so wurde eine neue Auflage gemacht. Ich habe den Lehm auch in verschiedenen Fällen und bei manchen Gebrechen an Menschen versucht und bin zur Überzeugung gekommen, daß er auch für sie in sehr vielen Fällen ein gutes Hausmittel ist.«

Irgendwie hatte der Leibarzt des Zaren Nikolaus I., von dem berichtet wurde, also doch recht – die Untersuchungsberichte und experimentellen Erfahrungen der neueren Zeit bestätigen es. Das Spektrum der Heilwirkungen ist weit gefächert. Heilerde hilft in erstaunlicher Weise bei allen Störungen der Magensäurefunktionen, also sowohl bei Übersäuerung wie auch bei ungenügender Säurebildung. Diese Wirkung hängt vor allem mit einer wichtigen Eigenschaft der Heilerde zusammen: Sie hat ein starkes Saug- und Bindevermögen für Darmgifte und Stoffe von saurer Beschaffenheit.

Erden von besonderer Beschaffenheit machen dem Wasser und den Heilkräutern den Rang streitig, wenn es um die Frage geht, was denn nun das eigentliche erste »Heilmittel« des Menschen gewesen sei. Man mag den Erden magische Bedeutungen geben, wie die Menschen dies früher einmal taten (und auch noch heute tun), oder, wie schon Hippokrates, ganz nüchtern wissenschaftlich untersuchen und von dem Schatz der Erfahrung her als Heilmittel betrachten, stets wird man zu dem Ergebnis kommen, daß in der Erde und den vielen unscheinbaren Mineralien heilende Kräfte enthalten sind. Wie so oft, hat auch die Heilerde durch einen Forscher, der eigentlich gar nicht »vom Fach« war, wieder Eingang auch in die Alltagsmedizin unserer Zeit gefunden. Professor Hermann Jung, ein Mineraloge, führte eingehende Untersuchungen bei verschiedenen Heilerden durch und unterstützte damit die Mediziner.

Was ganz allgemein in der Medizin gilt, sollte natürlich auch bei der Mineraltherapie beherzigt werden. »Die Medizin«, sagte der kürzlich verstorbene Arzt und Schriftsteller Peter Bamm, »welche der Arzt in der Praxis dem Kranken verschreibt, ist nicht nur in einem Glas Wasser zu nehmen, sondern auch mit drei Teelöffeln guten Glaubens an die Tüchtigkeit des Arztes, die Güte der Schöpfung und die Zuverlässigkeit der pharmazeutischen Industrie.«

Kostbarer Turmalin – parallel verwachsen.
Solche »Aggregate«, wie der Mineraloge die Verwachsung nennt, kommen aus Minas Gerais, Brasilien. 100 x 110 mm.

Typische Strahlenkugel von Pharmakolith.
Die Kristallstäbchen wachsen auf Arsenerzen im Grundwasserbereich. Richelsdorf, BRD – 18 x 12 mm.

Kristall-Igel aus Natrolith, einem Silikat.
Die verblüffende Form des Faserzeoliths entstand rein zufällig. Mückenhalm, BRD – 56 x 66 mm (oben).

Viele faserige Mikrokristalle formieren sich zum Achat.
Dieser Fund stammt aus dem Quarz-Porphyr des Südschwarzwalds, BRD.

Vivianit – wächst oft in fossilen Zähnen und Knochen. ▷
In Kamerun wurden Kristalle bis zu eineinhalb Metern Länge gefunden. Idaho, USA – 20 x 31 mm.

Ultraviolettes Licht zeigt die Sanduhrstruktur von Gips.
Ein zweiter Kristall wächst seitlich heraus. Wiesloch, Baden, BRD – 32 x 18 mm.

Das Nadelgewirr sind mikroskopisch feine Würfelreihen.
Auch die Sonderform des Minerals Cuprit ist ein Kupferoxid. La Garonne, Frankreich – 20 x 24 mm.

Die Farbe entsteht erst an der Luft.
Vivianit – ursprünglich farblos – oxidiert an der Atmosphäre schnell blau, grün oder violett.
Trepča, Jugoslawien – 13 x 11 mm.

Wulfenit, ein seltenes Bleimolybdat.
Dieses sehr schöne Stück wurde in den Bergen von Los Lamentos, Mexiko, gefunden. 49 x 40 mm.

Der Brookit ist ein seltenes Titanoxid.
Dieser Kristall vom St. Gotthard, Schweiz, zeigt im Inneren die Anwachsstreifen. 26 x 32 mm.

Rhodonit – ein spektakulärer Einkristall.
Das Mineral stammt aus der berühmten Lagerstätte Broken Hill in Australien. 40 x 22 mm.

Diamanten, die keine sind.
Vielerorts werden die glasklaren Bergkristalle dieser kurzprismatischen Ausbildungsform so genannt. Westerwald, BRD – 18 x 31 mm.

Das Uransilikat Boltwoodit ▷
– nadelige Kristalle aus dem Gebiet am Rössing in SWA/Namibia. 16 x 25 mm.

Fundorte für Mineralien

Diese Zusammenstellung erhebt nicht den Anspruch auf Vollständigkeit, auch gibt sie keine bis ins Detail ausformulierten Wegbeschreibungen. Die Liste will auf interessante Fundorte hinweisen und einen Eindruck vermitteln, welche Regionen in Deutschland, in Europa und – wenn auch nur andeutungsweise – weltweit heute noch Fundmöglichkeiten bieten. Hier sollen nur Gebiete erwähnt werden, wo der Mineraliensammler noch selbst fündig werden kann. Es sind also keine Stellen erwähnt, die nur aus historischer Sicht wichtig sind. Die Fundorthinweise geben allerdings keine Garantie dafür, daß der Sammler Riesenkristalle oder Super-Nuggets entdecken wird.
Europäische mineralienträchtige Stellen werden ausführlicher geschildert als solche der ganzen Welt. Diese sollen die Liste abrunden und den Mineralienfreund im Zeitalter des Ferntourismus auf eventuelle Reiseziele hinweisen.

Europa

Bundesrepublik Deutschland

Viele der ehedem reichen Aufschlüsse in Deutschland sind heute vollständig abgeräumt, gerade ein großer Teil der besonders mineralienhaltigen Gruben wurde in den letzten beiden Jahrzehnten geschlossen. Ihre Abraumhalden wurden von Sammlern bis auf den letzten Krümel abgesucht. Dennoch finden wir immer noch, gerade um Bergbau- und Steinbruchbetriebe, außergewöhnliche Mineralien – was Schönheit und Vielfalt betrifft. Bei einer Wanderung durch die Bundesrepublik von Nord nach Süd sollte eine Reihe von Fundstellen nicht übersehen werden.

Duingen
Im Südwesten von Hildesheim gelegen. In der Tongrube schöne Analcim-Kristalle.

Farmsen
Östlich von Hildesheim liegt die Ziegeltongrube mit Calcit, Siderit und Quarzkristallen.

Salzgitter
In den Eisenerz-Förderstätten kugelförmige Limonite.

Rammelsberg
Das bei Goslar gelegene Erzbergwerk liefert Blei-, Kupfer- und Zinkerze sowie die leicht verwitternden Zink- und Kupfervitriole.

Clausthal-Zellerfeld
In dieser alten Bergbaustadt stehen hohe Halden. Geringe Mengen Quarze, Calcite, Bleiglanz und Zinkblende.

St. Andreasberg
Südöstlich von Clausthal-Zellerfeld liegt dieses bekannte Mineraliengebiet, wo gediegenes Silber und Arsen, Argentit, Fluorit, Proustit und Millerit zu finden sind, um nur einige der 100 dort entdeckten Mineralien aufzuzählen.

Winterberg/Sauerland
Im Kalksteinbruch gibt es Limonit und Baryt, außerdem Calcit in Kristallen und Tropfsteinen.

Vlotho
Rund um die Ortschaft bergen die Mergelbänke sehr gut ausgebildete Pyritkristalle.

Siegerland
Im alten Erz-Bergbaugebiet rund um Siegen liegen beachtliche Mengen Kupferkies und vor allem Siderit, aber auch Bleiglanz, Dolomit, Hämatit, Millerit, Rhodochrosit und Zinkblende.

Dill-Gebiet
Wie das Siegerland war diese Gegend einstmals eine wichtige Erz-Bergbauregion. Die aufgelassenen Gruben Königszug, Oberscheld, Heinrichssegen, Ehringshausen und Fortuna, Oberbiel, bieten Hämatit- und Calcit-Funde.

Eifel
Am Laacher See liegen im vulkanischen Gestein vielzählige Mineralien verborgen: im Tuffstein Apatit, Augit, Hauyn, Hornblende, Olivin und Titanit. Die »Laacher Lesesteine« beinhalten daneben Granat, Spinell und Korund.

Roßberg
Im Osten von Darmstadt liegt der große Basalt-Steinbruch bei Roßdorf mit Natrolith, Phillipsit- und Thomsonit-Kristallen.

Messel
Diese Grube, besonders bekannt für die außergewöhnlichen Fossilienfunde, birgt ein seltenes Mineral, das seinen Namen nach dem Fundort trägt: Messelit.

Rockhausen
Westlich unterhalb des Donnersberges. Im Steinbruch sind Achate, Quarz- und Amethystkristalle eingeschlossen, die kleine Geoden bilden.

Idar-Oberstein
Die besonderen Achat-Vorkommen haben diesen Ort berühmt gemacht. Heute gibt es rund um das Zentrum der deutschen Edelsteinindustrie nur noch kleinere Fundmöglichkeiten. Achat, Rauchquarz und Amethyst bildeten sich in Drusen und kleinen Mandeln. Vorkommen an der Edelsteinstraße, in den Höhlen von Steinkaulenberg, im Steinbruch bei Vollmersbach, im Fischbach- und Hosenbachtal.

Freisen
Etwa 20 Kilometer südlich von Idar-Oberstein im Steinbruch Drusen mit Quarz-, Chabasit- und Goethit-Kristallen.

Waldhambach
In den Steinbrüchen, kurz hinter der Abzweigung nach Pirmasens: Amethyst, Achat und Jaspis.

Epprechtstein/Fichtelgebirge
Bei Kirchlamitz: Bergkristall, Rauchquarz, Turmalin und selten Euklas und Topas.

Fuchsbau
Hier finden sich fast die gleichen Mineralienparagenesen wie im Epprechtsteiner Bruch, daneben als Neufund Beryll. Die Orthoklas-Drusen dieses Fundortes sind besonders berühmt.

Wölsendorf
Zwischen Schwandorf und Nabburg liegen dreizehn Gruben, von denen nur noch vier betrieben werden. Fluorit-Revier mit Flußspat in allen möglichen Farben des Spektrums. Sekundärbildungen sind Azurit, Cerussit, Cuprit, Malachit und Wulfenit, daneben eine Reihe von Uranmineralien.

Silberberg/Bayrischer Wald
Bei Bodenmais liegen die Fundstellen für Zinkblende, Bleiglanz und Magnetit. Neben den Erzen treten Quarz- und große Rutil-Kristalle auf. Auch für Granat-Kristalle bestehen gute Fundmöglichkeiten.

Hühnerkobel
Nördlich von Zwiesel bestehen im alten Steinbruch am Hühnerkobel bei Rabenstein Chancen auf Funde von Rosenquarz, Beryll und verschiedenfarbigen Apatit-Kristallen.

Tittling
In den Granit-Steinbrüchen nördlich Passaus finden sich in den Pegmatitgängen Beryll, darunter der seltene Helvin sowie Granat, Orthoklas, Titanit und Turmalin.

Kropfmühl, Pfaffenreuth
In den Graphit-Brüchen lassen sich außer Graphit die Begleitmineralien Pyrit, »Glasopal«, Hyalit und mit (viel) Glück auch Edelopal finden.

Solnhofen
Im Solnhofener Schiefer westlich von Eichstätt, lagern in Kalkstein-Brüchen zahlreiche Dendritenplatten mit Limonit- und Manganerzeinschlüssen.

Kaiserstuhl
Im Südwesten Deutschlands liegen rund um den Kaiserstuhl im vulkanischen Gestein etliche interessante Mineralienfundorte. Die Steinbruchaufschlüsse von Oberschaffhausen, Schelingen und Niederrottweil bergen Calcit, Apatit, Hyalit, Melanit und Granat.

Münstertal
Die südlich von Freiburg liegende aufgelassene Grube ist öffentlich zugänglich und bietet Baryt, Calcit, Fluorit und Zinkblende.

Schweiz

Die Schweiz ist das klassische Land für alpine Mineralien. Obwohl auch der Schweizer Jura ein gutes Potential an Mineralien aufweist, fallen sie gegenüber den Gebirgskristallen kaum ins Gewicht. Die Fundorte der Schweiz lassen sich grob in Jura und Mittelland, Kalkalpen und Zentralalpen unterteilen, wobei letztere weiter regional zu gliedern sind in Aar- und Gotthardmassiv, Penninische, Tessiner und Graubündner Alpen.

Gotthardmassiv
Vom Binntal bis zum Piz Sezner zieht sich das Gebirge. Es umfaßt einige Fundgebiete für Adular, Apatit und Hämatit.

Gotthard
Am Gotthardpaß liegen weltberühmte Hämatit- und Apatitvorkommen. Diese Stellen sind noch nicht erschöpft.

Tavetsch
Das Tal bietet reiche Rutilnadelfunde.

Val Cristallina
Ergiebiges Fundgebiet für gut ausgebildete und große Adular-, Apatit-, Periklin- und Titanit-Kristalle.

Jura und Mittelland
Weitaus am häufigsten findet man im Jura Calcit-Vorkommen, auch schöne Coelestine. Erwähnenswert ist Fluorit und Zinkblende. Im Mittelland bildet ebenfalls nur Calcit nennenswerte Kristalle aus, bei Nuolen am Zürichsee.

Nördliche Kalkalpen
Die häufigsten Vorkommen betreffen Calcit: im Gasterntal und am Wolfjos, Quarz: Rosenlauf, Vättis und Tamins und Flurorit: Dürschrennen Höhle und Alp Oltscheren bei Brienz.

Tiefengletscher
Das Gebiet ist für seine Bergkristalle berühmt.

Maderanertal
Klassischer Kristallfundort. Ganze Heerscharen wandern hier über die Hänge. Immer noch häufig findet sich heller Bergkristall. Brookit, Ilmenit und Titanit kommen heute aber kaum in erstklassigen Stufen vor.

Aarmassiv
Hier in der hochalpinen Region finden sich die berühmten Kluftparagenesen. Die Fundorte sind gut gehütete Geheimnisse der »Strahler« – bis sie ganz ausgebeutet sind. Es lassen sich aber einige Täler angeben, deren besondere Funde auf weitere Fundmöglichkeiten hindeuten. Aus dem Aarmassiv stammen die spektakulärsten Bergkristallfunde.

Grimselgebiet
Bergkristall, Rauchquarz und rosa Fluorit gibt es am Zinggenstock, Gersthörner, Hinter Gelmerhörner, Juchli, Nollen und Sommerloch.

Rhonegletscher
Der ständig zurückweichende Gletscher gibt Quarz-, Adular- und Apatit-Kristalle frei.

Penninische Alpen
Hier sind die Gebiete zwischen Saas Fee und Zermatt von Bedeutung. Die Berge östlich vom Mont-Blancmassiv haben aber nicht die Wichtigkeit wie Aar- und Gotthardmassiv. Trotzdem wurden schöne Stufen von Diopsid, Chlorit, großgewachsenen Vesuvian-Kristallen und der seltene Perowskit geborgen.

Binntal und Simplon
Das Binntal gehört zu den berühmtesten Schweizer Kristallfundstellen. Am Lengenbach finden sich zwölf auf der Welt einmalige Mineralien. Sie kommen natürlich nur in kleinen Mengen vor. Häufig dagegen: Dolomit in vollkommenen Einzelkristallen, Pyrit und Realgar sowie Sartorit, das dort häufigste Sulfosalz, das auf der Welt aber einmalig ist.

Tessiner Alpen
Die Vorkommen sind nicht so gut bekannt, wie in den übrigen Zentralalpen. Doch kommen einige schöne auffallend ausgebildete Mineralien vor: Disthen und Staurolith am Pizzo Forno, Olivin auf der Alpe Arami, Grossular bei Claro und Korund im Val d'Arbedo.

Graubünden
Geringe Vorkommen, lediglich erwähnenswert sind die Albit-Kristalle rund um Thusis und Domleschg und die Beryll-Kristalle aus dem Bergeller Massiv.

Wichtig:
Für die Mineraliensuche in der Schweiz gelten besondere Bestimmungen. Jeder Sammler braucht ein Strahlerpatent und muß regional unterschiedliche Gebühren für die Erlaubnis zum Suchen entrichten.

Österreich

Die österreichischen Alpen weisen weniger Kluftmineralien auf als die Schweizer Berge. Doch gibt es hier wieder mehr Mineralienfundorte aus Minen- und Steinbruchaufschlüssen.

Habachtal
Hier liegen auf der östlichen Talseite die berühmten Smaragdvorkommen im Glimmerschiefer, den man auf den Halden des ehemaligen Bergwerks findet.

Felbertal
Gelbe Titanit-Kristalle. Auch Calcit, Adular und Chlorit.

Ankogel
In zahlreichen Klüften Rutilnadeln, Bergkristall, Scheelit, Apatit und Rauchquarz in guten Stufen.

Obergurgl/Ötztal
Am Granatenkogel über dem Gaisberggletscher sind große Granat-Kristalle im Glimmerschiefer eingebettet.

Bad Hall
In der Salzlagerstätte gibt es außer den üblichen Salzkristallen hübsche Gips-Stufen.

Bleiberg
Westlich von Villach in der Blei-Zinkerz-Lagerstätte: neben Bleiglanz und Zinkblende sehr schön ausgebildete Wulfenit-Kristalle und den seltenen Ilsemannit.

Eisenerz/Steiermark
Die Siderit-Lagerstätte im Nordwesten von Leoben bietet besonders schön geformte »Eisenblüten«, Aragonit in Stengel- und Zapfenform.

Weitendorf
Der Basaltsteinbruch birgt in Blasenräumen neben Aragonit, Calcit und Dolomit auch Opale.

Italien

Val Malenco
Im Norden von Sondrio, in der Nähe der Schweizer Grenze, liegt das Tal mit zahlreichen Fundstellen. Granat, Rutil, Diopsid, Olivin, Asbest, Apatit und Glimmer seien von den vielen Mineralienarten genannt.

Carrara
Bei der berühmten Marmor-Stadt finden sich reine Bergkristalle in schöner Ausbildung.

Elba
Die Insel ist bekannt für gute Fundmöglichkeiten von besonders schönen Pyriten und Hämatiten. Erzminen im Osten bei Capoliveri und Rio Marina. Im Westen um den Monte Capanne: selten Turmalin, Beryll und Pollucit. Außerdem Ilvait.

Sizilien
Caltanissetta, in Mittelsizilien, bietet Schwefel, Aragonit und Coelestin in Kristallen. Der bekannteste Fundort ist Agrigento an der Südküste mit besonders ausgebildeten Schwefelkristallen. In den Gruben und im Salzbergwerk Calcit, Aragonit und Coelestin.

Spanien

Picos de Europa
Der Gebirgsstock an der Nordküste enthält hervorragende Zinkblende-Vorkommen. Das Mineral ist fast durchsichtig und bildet Kristalle.

Molina de Aragon
Nordwestlich von Teruel in Aragonien gibt es äußerst gut ausgebildete Aragonite in Drillingen.

Portugal

Panasqueira
Dieser Fundort in der Sierra de Estrêla ist erst in den letzten Jahren für Apatit, Arsenkies und Wolframit bekannt geworden.

Frankreich

Sainte-Marie-aux-Mines/Elsaß
Dieser Ort wird nicht nur für seine Mineralienbörse, sondern auch als Fundort für hervorragende Quarzkristalle, gediegenes Arsen, Bleiglanz und manchmal auch Proustit gerühmt.

Grury und Forez-District
Diese beiden Fundgebiete rund um Lyon bergen Uranerze und sind daher nur mit der Genehmigung der französischen Atom-Kommission zugänglich. Es gibt sekundäre Uran-Mineralien wie Uranophan, Gummit und Kasolit. Außerdem: Bleiglanz, Dolomit, Kupferkies, Limonit und Cerussit.

La Crouzille-District
In verschiedenen Uranerz-Gruben des Haute-Vienne-Departements: Chalcedon, Hämatit, Baryt und die Sekundärmineralien von Uranerz.

Großbritannien

Egremont
Dieser Ort liegt im Zentrum des Grubengebiets von West-Cumberland. Die Halden des ehemals blühenden Bergbaureviers bieten Hämatit, Quarz, Baryt und Calcit.

Industriezentrum im Städtedreieck Manchester, Sheffield, Derby
Zahllose fundträchtige Halden rund um den Südteil der Pennine Chains. Besonders Calcit-Stufen lassen sich hier finden.

Cornwall
Im südlichen England kann der Sammler mit reichlich Ausdauer einige seltene Mineralien finden. So gibt es in der Mine of Pool Cassiterit-Kristalle.

Skandinavien

Die südnorwegische Landschaft Iveland bietet mehrere Pegmatit-Vorkommen mit Beryll, Biotit, Muskovit und Samarskit.

Bei Filipstad, nördlich vom Väner-See, in Schweden liegen im kristallinen Kalk und Dolomit Braunit, Hausmannit und Rhodonit, gediegenes Blei, Kupfer und Silber. 250 Kilometer nordwestlich von Stockholm am »Großen Kupferberg« bei Falun: Bleiglanz, Kupferkies und Pyrit. Selten findet man gediegenes Gold.

Ostblock-Staaten

Über Fundgebiete in Polen, Ungarn, Rumänien, Bulgarien, der Tschechoslowakei und der Sowjetunion liegen zwar Informationen vor, doch Sammler, die dort suchen wollen, müssen sich bei den zuständigen Behörden erkundigen. Das Betreten von Bergbauanlagen ist nur mit ausdrücklicher Genehmigung möglich. Für die Sowjetunion fehlen auch weitgehend Fundortangaben. Bisher bestanden kaum Kontakte zu Sammlern. Der Ural wird oft als Fundortangabe auf Stücken verzeichnet, obwohl dieser Vermerk für das riesige Gebiet sehr unpräzise ist. Der Ural gehört zu den bedeutendsten Schatzfundstellen für Mineralien.

Asien

Afghanistan
In der Provinz Badachschan liegen berühmte Lapislazuli-Vorkommen. Im Hochgebirge von Nuristan schöne Turmaline. Die Einreise ist gegenwärtig noch nicht gestattet.

Indien
Im Dreieck Bombay, Poona, Nasrik liegen Fundorte von Laumontit, Babingtonit, Skolezit, Mesolith und Apophyllit.

Sri Lanka

Das frühere Ceylon gilt als ein klassisches Lieferland für Saphire und Rubine. Außerdem gibt es dort Granat, Turmalin und Spinell.

Japan

In zahlreichen Erzminen interessante Mineralienfunde. Erwähnt seien Chichibu im Nordwesten von Tokio mit Bleiglanz, Zinkblende, Kupferkies, Arsenkies und Gold. Auf der Insel Kiuschu südlich von Oita in der Obira-Mine besonders große Arsenkieskristalle.

Australien

Andamooka

In der Nähe vom Torrens-See in Südaustralien: Opalfunde.

Barcoo River und Bulla Creek

Opalfunde im Südwesten von Queensland.

Afrika

Saharastaaten

In der Nordsahara: Bildung von Gips in »Sandrosen«.

Namibia

Im Norden des Landes in der Tsumeb-Mine: Azurit, Cerussit, Cuprit, Dolomit, Olivenit, Wulfenit.

Südafrika

Das Zentrum der Diamantenfundorte ist Kimberley. Im Norden des Landes: Manganerz-Vorkommen mit besonders schönen Rhodochrosit-Stufen.

Amerika

Vereinigte Staaten

Green-Monster-Mine; in Westalaska gelegener Fundort mit besonders schönen Epidotkristallen und Quarz.

Little Falls

Im Staate New York liegt der Ort für »Herkimer Diamanten«, völlig klare Quarzkristalle.

Magnet Cove

Bei Hot Springs in Arkansas gibt es Brookitkristalle und Wavellit in Rosettenform.

Cripple Creek

Ehemalige Goldgräberstadt im Westen von Colorado Springs. Vorkommen von gediegenem Gold in kleinen Mengen.

Pikes Peak

Im Nordosten von Cripple Creek: Mikroklin-Kristalle.

Thomas Mountains

Gebirgszug in Utah, südwestlich von Salt Lake City. Fundort für Topas und Beryll.

Mother Load

In Kalifornien, im Westen der Sierra Nevada: Goldlagerstätte.

Death Valley

In Kalifornien, an der Grenze zu Nevada: Borvorkommen.

Mexiko

Cerro de Mercado

Bei Durango Magnetitvorkommen mit Hämatit, in Drusen Apatit.

La Bufa und San Sebastian

Minen bei Charcas mit Neufunden von Danburit-Kristallen. Auch Zinkblende, Kupferkies und Calcit.

Uruguay

Die Gebiete im Norden und Nordwesten gelten neben Brasilien als die wichtigsten Fundorte für Achat und Amethyst.

Brasilien

Minas Gerais

Das reiche Mineraliengebiet im Norden von Rio de Janeiro liefert neben etlichen Erzmineralien auch Platin und Gold. Berühmt sind die Edelsteine Amethyst, Aquamarin, Citrin, Diamant, Rauchquarz, Spodumen-Varietäten, Topas und Turmalin.

Lavra da Ilha

Die Insel im Jequitinhonha birgt Rosenquarzstufen von besonderer Schönheit, außerdem reiche Fundmöglichkeiten für Eosphorit, Muskovit, Orthoklas und Wardit.

Araçuai

Im Umkreis dieser Stadt liegen Minen für Albit, Herderit, Lepidolith, Topas und Turmalin.

Teòfilo Otoni

Im Westen liegt Campo de Boa mit Sphen-Vorkommen. In diesem Distrikt außerdem Chrysoberyll-Funde.

Diamantina

Nördlich von Belo Horizonte gelegene Fundstätte für Bergkristall und Aquamarin.

Morro Velho

Die Grube bei Belo Horizonte trägt Gold in verschiedenen Ausbildungen, daneben Albit, Apatit, Pyrrhotin, Siderit und Scheelit.

Namensregister der abgebildeten Mineralien, Fossilien und Schmuckstücke

Verzeichnis der Fotografen

Betz: S. 49u.; 120u.; 215;
Blaustein-Camp/Focus: S. 28/29;
Bode: S. 69u.; 115o.; 193o.; 229o.; 262u.;
Gruber: S. 68; 148u.; 232; 268; 274/275;
Hardt: S. 21o.; 21u.;
Hansmann: S. 52; 150o.; 156; 157; 161o.; 161u.; 183o.; 192;
Hartmann: S. 38/39; 65o.; 65u.; 81u.; 100o.; 102u.; 105o.; 137u.; 139u.; 145u.; 166/167; 183u.; 205u.; 214; 221o.; 233; 263;
Hinz/Stern: S. 176/177; 189u.;
Huschner: S. 30o.;
Kage: S. 62/63; 179;
Köllner & Co: S. 53o.;
Lazi: S. 18/19; 33; 177; 180o.; 191u.;
Lieber: S. 53u.; 64u.; 66o.; 83; 99o.; 104; 124; 262o.;
Löppert: S. 48; 50/51; 54; 67; 76; 78u.; 82;
Morvan/Explorer: S. 180o.; 180u.; 181o.; 181u.;
Müller, W.: S. 247u.;
Rothenberg: S. 194;
Seliger/Stern: S. 219;
Stürmer: S. 64o.;
Thomann/Stern: S. 47o.; 77o.;
Voigt: S. 44/45; 49o.; 69o.; 77u.; 78o.; 84/85;
Werner: S. 30u.;
Wilson: S. 158;
Alle übrigen Fotos: Medenbach

Bildlegenden für die ersten sechs Doppelseiten

Grossular ist ein Granat.
Das Calcium-Aluminium-Silikat wird in seiner reinen Varietät für Schmuck verwendet. Val Ala, Piemont, Italien – 6x9 mm.

Kupfer-Arsenate sind häufig leuchtend grün gefärbt.
Dieser Chalkophyllit wurde in Tincroft bei Redruth in England gefunden. 10x16 mm.

Kakoxen ist ein Eisen-Phosphat.
Es bildet gern seidenglänzende radialstrahlige Kügelchen. Grube Rotläufchen bei Wetzlar, BRD – 6x9 mm.

Malachit und Azurit sind leuchtend gefärbte Kupfer-Carbonate.
Sie entstehen erdoberflächennah. Arizona, USA – 17x27 mm.

Rhodochrosit – der rosenfarbene Stein
Das Mangan-Carbonat kristallisiert in dem Vorkommen bei Gladstone, Colorado, USA, bevorzugt in Rhomboedern. 34x53 mm.

Smaragdgrün – doch kein Smaragd.
In Rußland hielt man früher Dioptas-Kristalle für diesen wertvollen Edelstein. Tsumeb, SWA/Namibia – 12x19 mm.

Nachweis der abgebildeten Mineralien

(Fotos Medenbach)

Institute und Museen:
Mineralogisches Institut der Universität Aachen, 242 unten, 251 unten
Mineralogisches Institut der Technischen Universität Berlin 23 oben, 34 unten, 171 unten, 213
Mineralogisches Institut der Universität Bochum, 126/127, 152 unten, 153, 193 unten, 196/197, 200 oben
Mineralogisches Institut der Universität Bonn 42, 71, 88, 106/107, 121, 202, 272
Naturkundemuseum Dortmund 14, 23 unten, 224/225, 243
Mineralogisches Institut der Universität Gießen 100 unten, 134/135, 188
Mineralogisches Institut der Universität Heidelberg 10/11, 99 unten, 112, 133, 204, 260
Mineralogisches Museum Kopenhagen 73, 97, 129, 175 unten, 198, 219 unten, 235, 238, 247 oben, 273
École des Mines, Paris 2/3, 26/27, 47 unten, 56, 58 oben, 59, 70, 80 unten, 86/87, 113, 118/119, 130/131, 132, 137 oben, 149, 165, 172, 186/187, 195 oben, 195 unten, 205 oben, 208 unten, 222/223, 226 oben, 234, 240/241, 250, 256/257, 266/267, 269
Naturhistorisches Museum Wien 41 oben, 90/91, 105 unten, 125, 168/169, 184/185, 191 oben, 200 unten, 242 oben, 264 oben

Privatsammlungen:
F. J. Barlow, Appleton, USA 24
W. Bartelke, Wiesbaden 114 oben, 146 unten, 258
G. Becker, Idar-Oberstein 8/9, 17, 36/37, 41 unten, 66 unten, 89 oben, 93, 157 oben, 159 oben, 199 unten, 208 oben, 212 unten, 229 unten, 236/237, 271
Prof. Dr. N. J. Chatterjee, Dortmund 189 oben
Dr. R. Dietrich, Wiesbaden 74
R. Fricke, Hagen 209
Dr. G. Gebhard, Ober-Wehnrath 4/5, 35, 40, 72, 80 oben, 92 oben, 114 unten, 115 unten, 140/141, 145 unten, 146 oben, 152 oben, 154/155, 170, 173, 190, 199 oben, 212 oben, 239, 259 oben, 270, 276/277
Dr. U. Habermalz, Heuchelheim 43, 120 oben, 138
W. Hall, Gießen 122/123
R. Haus, Biebertal 110
W. Hofmann, Naunheim 251 oben
W. Kahn, Bayersoien 108
P. Keller, Biebertal 217 oben
F. Klein, Idar-Oberstein 252 oben, 252 unten, 255
U. Knoop, Wanne-Eickel 264 unten
Dr. H. Kulke, Essen 111, 139 oben, 216, 231
Dr. G. Lamprecht, Stuttgart 175 oben
Dr. O. Medenbach, Witten 12/13, 25, 34 oben, 55, 58 unten, 60/61, 92 unten, 94/95, 116, 117, 128, 142/143, 150 unten, 164, 174, 203, 206/207, 210/211, 217 unten, 227, 244/245, 249, 259 unten, 274/275
A. Müsse, Allenbach-Hilchenbach 89 unten, 144, 221 unten, 254
Prof. Dr. P. Ramdohr, Hohensachsen 109
H. Rinn, Braunfels 171 oben
H. Tirler, Wanne-Eickel 57, 81 oben, 162/163, 261 unten
H. Weber, Wetzlar 6/7, 147, 159 unten
Fa. Weleda, Schwäbisch Gmünd 148 oben
Prof. Dr. H. Wilk, Taunusstein 96, 226 unten

Wir danken den Museen und Privatsammlungen, die unsere Arbeit großzügig unterstützt haben.
Alle Fotos von Dr. Olaf Medenbach wurden mit einem LEITZ-Aristophot auf 9 x 12 Diapositivmaterial von Kodak – Ektachrome B und Ektachrome 50 – erstellt.

Literaturhinweis

Bücher:

J. Bauer, Der Kosmos-Mineralien-Führer, Stuttgart 1972
F. Breckhemer, Die Sprache der Steine, 1954
K. Beurlen, Welche Versteinerung ist das?, Stuttgart 1970
Bibow u. a., Am Anfang schuf Gott Himmel und Erde, Köln 1956
Bögli/Franke, Leuchtende Finsternis, Bern 1965
H. Brusius, Edelsteine bringen Glück, Genf 1975
N. Calder, Erde, ruheloser Planet, Bern/Stuttgart 1972
P. Corsin, Die Flora, Enzyklopädie der Natur, Lausanne 1971
C. Dunbar, Die Erde, Lausanne
A. Fersman, Verständliche Mineralogie, Berlin 1949
J. Fischer/Y. Gayrard-Valy, Faszination in Stein, Freiburg 1977
H. Franke, Wildnis unter der Erde, Wuppertal 1956
Geologie und Mineralogie, Freiburg/Basel/Wien 1972
K.-H. Georgi, Kreislauf der Gesteine, Reinbek 1972
H. Haber (Hrsg.), Die Architektur der Erde, Stuttgart 1970
H. Haber, Unser blauer Planet, Stuttgart 1965
W. Hausmann, Feuerstein und Diamant – Magie, Kultur und Technik der Steine, Hannover 1976
G. Heilfurth, Bergbau und Bergmann in der deutschsprachigen Sagenüberlieferung, Band 1, Marburg 1967
Hildegard von Bingen, Das Buch von den Steinen, Salzburg 1979
A. Kipfer, Ein neues Hobby, Stuttgart 1974
J. Kourimsky/F. Tvrz, Welt der Mineralien in Farbe, Gütersloh 1977
Ladurner/Purtscheller, Mein kleines Mineralienbuch, Frankfurt 1968
Lexikon für Mineralien- und Gesteinsfreunde, Luzern/Frankfurt 1977
W. Lieber, Der Mineraliensammler, Thun 1978
W. Lieber, Menschen, Minen, Mineralien – Mineralogie seit 10 Jahrtausenden, München 1978
H. Lüschen, Die Namen der Steine, Thun 1968
R. Metz/A. Franck, Edle Steine – Glanz und Zauber der Mineralien und Kristalle, Stuttgart 1965
R. Moody, Fossilien, Zollikon 1977
K. Raache, Die Erde baut ein Gebilde, München 1966
H. Schätz, Einführung in die Geowissenschaften, Wien 1975
G. Schenk, Die Erde, Stuttgart 1962
K. Schmidt, Erdgeschichte, Berlin 1974
W. Schumann, Mineralien und Gesteine, in: BLV-Naturführer, München/Basel/Wien 1977
W. Schumann, Steine und Mineralien, in: BLV-Bestimmungsbuch, München/Basel/Wien 1972
W. Sullivan, Warum die Erde bebt, Frankfurt 1977
H. Trimmel, Höhlenkunde, Braunschweig 1968
H. Wegner, Der Fossilien-Sammler, Thun/München 1965

Zeitschriften:

Bernstein, Stuttgarter Beiträge zur Naturkunde 1978
Bild der Wissenschaft, 16/76, 5/78
draußen, Altmühltal
draußen, Ostsee
Fossilia '80
Goldschmiede-Zeitung, 12/72
PM, 1/79, 2/79, 7/79, 4/80, 6/80, 8/80
Spektrum der Wissenschaft 4/79
Stern 34/77